遵义市气温、降水与厄尔尼诺

邹德全 著

U0336250

气象出版社
China Meteorological Press

内 容 简 介

本书选取世界气象组织(WMO)气候学委员会(CCI)及气候变率与可预测性研究计划(CLIV-AR)联合提出的气候变化检测 27 种指数(ETCCDI)中的 26 种指数为载体,揭示遵义市极端气温、降水指数时空变化特征并统计分析遵义市春、夏、秋、冬各季气温、降水两要素在两类 ENSO 影响下的平均异常特征。

本书可供气象、气候研究人员和兴趣爱好者以及与气候变化相关的行业和决策者、部门参考。

图书在版编目(CIP)数据

遵义市气温、降水与厄尔尼诺 / 邹德全著. — 北京:气象出版社,2021.3
ISBN 978-7-5029-7392-6

Ⅰ.①遵… Ⅱ.①邹… Ⅲ.①气温-遵义②降水-遵义③厄尔尼诺-遵义 Ⅳ.①P423②P426.6③P732

中国版本图书馆 CIP 数据核字(2021)第 035551 号

遵义市气温、降水与厄尔尼诺
Zunyi Shi Qiwen、Jiangshui yu Eerninuo

出版发行:气象出版社

地 址:北京市海淀区中关村南大街 46 号	邮政编码:100081	
电 话:010-68407112(总编室) 010-68408042(发行部)		
网 址:http://www.qxcbs.com	**E-mail**: qxcbs@cma.gov.cn	
责任编辑:王萃萃	终 审:吴晓鹏	
责任校对:张硕杰	责任技编:赵相宁	
封面设计:刀 刀		
印 刷:北京建宏印刷有限公司		
开 本:710 mm×1000 mm 1/16	印 张:7	
字 数:138 千字		
版 次:2021 年 3 月第 1 版	印 次:2021 年 3 月第 1 次印刷	
定 价:30.00 元		

前　言

　　IPCC(政府间气候变化专门委员会)第五次评估报告指出,预估未来全球气候仍将持续变暖,21世纪末全球平均地面温度将在1986—2005年的基础上再升高0.3～4.8℃。随着全球降水增多,极端气候事件频率和强度随之发生变化。就遵义而言,2014年习水县"8·11"特大暴雨,2009年、2010年夏秋冬春连旱,2006年、2011年和2013年夏旱等极端气候事件都造成巨大经济损失,遵义极端气候事件似乎频发而且强度增大。于是作者萌生对遵义极端气候变化做一个概略性了解的念头,而厄尔尼诺-南方涛动(ENSO)又是年际气候变化的最强信号,讨论气候也少不了它,所以有此书的诞生。

　　本书主要内容由两部分组成。第一部分分析、讨论遵义市气温、降水时空变化特征。世界气象组织(WMO)气候学委员会(CCI)及气候变率与可预测性研究计划(CLIVAR)联合提出气候变化检测27种指数(ETCCDI),本书选取其中的26个极端气候指数做以下三方面探讨:一是对遵义整体区域及其13个县(市、区)的26个极端气温、降水指数进行线性变化趋势估计,并且与中国西南、中国全国平均情况进行了比较分析;二是对遵义市26个极端气候指数与所处坐标(海拔高度、经度、纬度)进行偏相关分析,得出极端气候指数随海拔高度、经度、纬度的线性相关性及海拔高度、经度、纬度对其影响的相对重要性;三是针对气温、降水极端指数时空变化特征,结合遵义市农业生产结构调整、气象灾害防御、适应和减缓气候变化提出建议和对策。第二部分统计分析遵义整体区域及其13个县(市、区)气温、降水对ENSO事件的响应。通过对ENSO年、次年东部型El Niño年、中部型El Niño年、东部型La Niña年、中部型La Niña年影响下,各自春、夏、秋、冬各季平均的气温、降水异常和异常年份占比,得出两类ENSO影响下当年、次年各季往往出现何种异常及其出现不同异常年份的概率。读者可以在取得近59年来遵义整体及其13个县(市、区)气候变化总体趋势、了解年际气候变化强信号ENSO事件对遵义气候的影响基础上,提升对适应和减缓气候变化的认知;此外,农业生产结构调整、交通、水利、市政基础设施建设、防汛抗旱等建议和对策对相关部门具有一定参考价值。

　　关于书名,从全书涵盖的内容上看,难以以一概全。两部分主要内容中的第二部分以ENSO贯穿始终,考虑到第一部分内容中也讨论了两类ENSO年、次年影响下的平均极端指数对比情况。由此，ENSO 事件成为两部分主要内容的纽带，但是"ENSO"一词过于专业，然而，其中的"厄尔尼诺"具有广泛社会认识基础。故此，将书名定为《遵义市气温、降水与厄尔尼诺》。

在写作过程中，遵义市气象局陈明林局长、古书鸿副局长、罗晓松副局长、纪检组熊翼组长、王怀林二级调研员、罗京义二级调研员、陈三枢二级调研员、左经纯一级调研员，贵州省气象局刘建国副巡视员自始至终给予莫大关心、鼓励和支持；同事邹承立、田洪进、吴新路、罗晨艺、肖雨霞、李德霞、张开华等参与部分数据统计工作，在此一并表示衷心感谢！

由于时间仓促，水平所限，错误和欠妥之处在所难免，敬请读者批评指正。

邹德全

遵义市气象灾害防御中心

2020 年 9 月 22 日

目　录

第1章 资料和方法

1.1 资料

遵义市所辖务川仡佬族苗族自治县(简称"务川自治县")、道真仡佬族苗族自治县(简称"道真自治县")、正安县、绥阳县、桐梓县、习水县、赤水市、仁怀市、播州区、湄潭县、凤冈县、余庆县、汇川区13个县(市、区)的逐日最高、最低气温、降水数据来源于贵州省气象信息中心共享服务网,时段为1960—2018年;厄尔尼诺/拉尼娜历史事件从国家气候中心气候系统诊断预测室下载(表1.1)。

表1.1 厄尔尼诺/拉尼娜历史事件统计表

分类	序号	起止年月(年.月)	长度(月)	峰值时间(年.月)	峰值强度	强度等级	事件类型
	1	1951.08—1952.01	6	1951.11	0.8	弱	东部型
	2	1957.04—1958.07	16	1958.01	1.7	中等	东部型
	3	1963.07—1964.01	7	1963.11	1.1	弱	东部型
	4	1965.05—1966.05	4	1965.11	1.7	中等	东部型
	5	1968.10—1970.02	17	1969.02	1.1	弱	中部型
	6	1972.05—1973.03	11	1972.11	2.1	强	东部型
暖	7	1976.09—1977.02	6	1976.01	0.9	弱	东部型
	8	1977.09—1978.02	6	1978.01	0.9	弱	中部型
	9	1979.09—1980.01	5	1980.01	0.6	弱	东部型
事	10	1982.04—1983.06	15	1983.01	2.7	超强	东部型
	11	1986.08—1988.02	19	1987.08	1.9	中等	东部型
	12	1991.05—1992.06	4	1992.01	1.9	中等	东部型
件	13	1994.09—1995.03	7	1994.12	1.3	中等	中部型
	14	1997.04—1998.04	13	1997.11	2.7	超强	东部型
	15	2002.05—2003.03	11	2002.11	1.6	中等	中部型
	16	2004.07—2005.01	7	2004.09	0.8	弱	中部型
	17	2006.08—2007.01	6	2006.11	1.1	弱	东部型
	18	2009.06—2010.04	11	2009.12	1.7	中等	中部型
	19	2014.10—2016.04	19	2015.12	2.8	超强	东部型
	20	2018.09—2019.06	10	2018.11	1.0	弱	中部型

分类	序号	起止年月(年.月)	长度(月)	峰值时间(年.月)	峰值强度	强度等级	事件类型
	1	1950.01—1951.02	12	1950.01	−1.4	中等	东部型
	2	1954.07—1956.04	22	1955.01	−1.7	中等	东部型
	3	1964.05—1965.01	9	1964.11	−1.0	弱	东部型
	4	1970.07—1972.01	19	1971.01	−1.6	中等	东部型
冷	5	1973.06—1974.06	13	1973.12	−1.8	中等	中部型
	6	1975.04—1976.04	13	1975.12	−1.5	中等	中部型
事	7	1984.10—1985.06	9	1985.01	−1.2	弱	东部型
	8	1988.05—1989.05	13	1988.12	−2.1	强	东部型
	9	1995.09—1996.03	7	1995.11	−0.9	弱	东部型
	10	1998.07—2000.06	24	2000.01	−1.6	中等	东部型
件	11	2000.10—2001.02	5	2000.12	−0.8	弱	中部型
	12	2007.08—2008.05	10	2008.01	−1.7	中等	东部型
	13	2010.06—2011.05	12	2010.12	−1.6	中等	东部型
	14	2011.08—2012.03	8	2011.12	−1.1	弱	中部型
	15	2017.10—2018.03	6	2018.01	−0.8	弱	东部型

1.2　方法

　　利用线性倾向估计、偏相关分析、Mann-Kendall 突变检测分别讨论极端气温、降水指数的长期变化趋势,与海拔高度、经度、纬度的相关性以及突变情况,这里只做简略介绍,具体方法参见所列相应文献,此处不再赘述。

1.2.1　极端气温、降水指数定义

　　选取世界气象组织(WMO)气候学委员会(CCI)及气候变率与可预测性研究计划(CLIVAR)联合提出的 27 种气候变化检测指数(ETCCDI))中的 16 种极端气温指数、10 种极端降水指数为研究载体,各指数具体定义见表 1.2(曹祥会 等,2015;刘琳 等,2014);所述遵义整体区域极端气温、降水指数为所辖各县(市、区)站点的算术平均值,各县(市、区)平均极端气温、降水指数为 1960—2018 年时段平均值。

1.2.2　线性倾向估计

　　线性倾向估计是建立因变量与时间序列之间的一元线性回归方程。回归系数称为倾向值,当它大于零时,因变量随时间的增加呈上升趋势;相反,当它小于零时,因变量随时间的增加呈下降趋势;回归系数的大小反映上升或者下降的速率。其次,用因变量与时间之间的相关系数进行显著性检验来判断上升或者下降变化趋势的显著性(魏凤英,2007)。

表 1.2　极端气温、降水指数的定义

符号或缩略码	指数名称	指数定义	单位
ID	冰冻日数	1 年中最高气温小于 0℃日数	d
FD	霜冻日数	1 年中最低气温小于 0℃日数	d
SU	夏天日数	1 年中最高气温大于 25℃日数	d
TR	热夜日数	1 年中最低气温大于 20℃日数	d
T_{X10}	冷日指数	1 年中最高气温低于 10%百分位数的日数占总天数的百分率	%
T_{N10}	冷夜指数	1 年中最低气温低于 10%百分位数的日数占总天数的百分率	%
T_{X90}	暖日指数	1 年中最高气温超过 90%百分位数的日数占总天数的百分率	%
T_{N90}	暖夜指数	1 年中最低气温超过 90%百分位数的日数占总天数的百分率	%
T_{Xx}	最高气温极大值	年最高气温的最大值	℃
T_{Nn}	最低气温极小值	年最低气温的最小值	℃
T_{Nx}	最低气温极大值	年最低气温的最大值	℃
T_{Xn}	最高气温极小值	年最高气温的最小值	℃
CSDI	冷日持续日数	1 年中至少连续 6 d 日最低气温(TN)<10%分位数的日数	d
WSDI	暖日持续日数	1 年中至少连续 6 d 日最高气温(TX)>90%分位数的日数	d
GSL	生长期长度	1 年中滑动平均气温大于 5℃初日和大于 5℃终日之间的日数	d
DTR	月平均气温日较差	日最高气温与日最低气温之差的月平均值	℃
PRCPTOT	湿日总降水量	一年中湿日(日降水量≥1 mm)的降水量总和	mm
CDD	连续干旱日数	一年中最长连续无降水日数	d
CWD	连续湿天日数	一年中最长连续降水日数	d
R_{10}	中雨日数	一年中日降水量≥10 mm 日数	d
R_{25}	大雨日数	一年中日降水量≥25 mm 日数	d
R_{95}	强降水量	年内日降水量超过基准期内 95%百分位数的降水总量	mm
R_{99}	极端强降水量	年内日降水量超过基准期内 99%百分位数的降水总量	mm
SD_{II}	降水强度	年总降水量与有雨日数(日降水量≥1 mm)的比值	mm/d
R_{x1d}	1 日最大降水量	一年中日降水量的最大值	mm

1.2.3　偏相关分析

偏相关系数是在固定或扣除其他因素影响条件下,评价单个因素与目标值的净相关关系。用偏相关系数描述两个变量之间的内在线性联系更合理、更可靠,更能揭示其本质规律,并且偏相关系数绝对值越大,相关程度就越高(杨维忠 等,2015;乐红志,2019;严丽坤,2003)。

1.2.4　Mann-Kendall 突变分析

曼-肯德尔(Mann-Kendall)突变检测法是一种非参数统计检验法,不需要样本遵从一定的分布,也不受少数异常值的干扰,更适用于顺序变量,计算公式也较简单(魏凤英,2007),也即适合本书的极端指数突变分析。

1.2.5　合成分析

1.2.5.1　ENSO 概况

ENSO 是厄尔尼诺(El Niño)和南方涛动(Southern Oscillation)大尺度海气相互作用现象的英文缩写,包含有暖水事件(厄尔尼诺,El Niño)和冷水事件(拉尼娜,La Niña)(李崇银,2018)。厄尔尼诺/拉尼娜是指赤道中、东太平洋海表大范围持续异常偏暖/冷的现象,是气候系统年际气候变化中的最强信号。厄尔尼诺/拉尼娜事件的发生,不仅会直接造成热带太平洋及其附近地区的干旱、暴雨等灾害性极端天气气候事件,还会以遥相关的形式间接地影响到全球其他地区天气气候并引发气象灾害(GB/T 33666—2017《厄尔尼诺/拉尼娜事件判别方法》)。然而,从相关文献不难发现,厄尔尼诺/拉尼娜事件的具体分型和判别标准,各学者在具体研究中有不同的做法。例如,韩文韬等(2014)用 NOAA(美国国家海洋大气局)月平均海洋 Niño 指数序列,定义:$I_{ON} \geqslant +0.5℃$(或 $I_{ON} \leqslant -0.5℃$)持续 5 个月以上时称为一次 El Niño(La Niña 事件);汪子琪等(2017)以 150°W 为界,若最大海温异常中心位于 150°W 以东(西)的东太平洋,则定义为东(中)部型 ENSO 事件;GB/T 33666—2017《厄尔尼诺/拉尼娜事件判别方法》则定义:赤道中、东太平洋海面温度异常(SSTA)中心位于赤道东太平洋的,称为东部型厄尔尼诺/拉尼娜事件,海面温度异常(SSTA)中心位于赤道中太平洋的,称为中部型厄尔尼诺/拉尼娜事件,并且给出了指数计算方法和分类判别标准。本书基于和国家气候中心业务接轨,则直接在 GB/T 33666—2017《厄尔尼诺/拉尼娜事件判别方法》提供的基本历史事件的基础上,进一步细化出两类(东部型、中部型)ENSO 事件,具体做法如下。

根据表 1.1 可以得到,1960—2018 年时段内共出现 El Niño 爆发年 18 a 和 El Niño 持续年 20 a;La Niña 爆发年 13 a,持续年 15 a。其中,1977 年是东部型 El Niño 的持续年,同时又是下一个中部型 El Niño 的爆发年;1972 年是中部型 El Niño 持续年,同时又是下一个东部型 El Niño 爆发年;2000 年、2011 年分别是一个东部型 La Niña 持续年,同时又是下一个中部型 La Niña 爆发年;1964 年、1970 年、1973 年、1988 年、1995 年、1998 年、2007 年、2010 年 8 a 既是 El Niño 持续年,同时又是下一个 La Niña 爆发年,1965 年、1972 年、1976 年、2018 年 4 a 既是 El Niño 爆发年,同时又是下一个 La Niña 持续年。本书主要探讨两类 ENSO 事件对气温、降水两要素影响的差异,为免除干扰合成结果,将以上兼有东部型和中部型以及 El Niño 和 La

Niña 年份特征的 1964 年、1965 年、1970 年、1972 年、1973 年、1976 年、1977 年、1988 年、1995 年、1998 年、2000 年、2007 年、2010 年、2011 年、2018 年排除,最后得出东部型 El Niño 年 15 a、中部型 El Niño 年 9 a、东部型 La Niña 年 8 a、中部型 La Niña 年 4 a;而 ENSO 次年是指 ENSO 事件结束年的次年,主要考察 ENSO 事件结束后对下一年气温的后续影响,共有东部型 El Niño 次年 11 a、中部型 El Niño 次年 6 a、东部型 La Niña 次年 8 a、中部型 La Niña 次年 4 a(表 1.3)。

表 1.3　两类 ENSO 年、次年统计表

东部型		中部型		东部型		中部型	
El Niño 年	La Niña 年	El Niño 年	La Niña 年	El Niño 次年	La Niña 次年	El Niño 次年	La Niña 次年
1963	1971	1968	1974	1965	1966	1971	1975
1966	1984	1969	1975	1967	1973	1979	1977
1979	1985	1978	2001	1974	1986	1996	2002
1980	1989	1994	2012	1978	1990	2004	2013
1982	1996	2002		1981	1997	2006	
1983	1999	2003		1984	2001	2011	
1986	2008	2004		1989	2009		
1987	2017	2005		1993	2012		
1991		2009		1999			
1992				2008			
1997				2017			
2006							
2014							
2015							
2016							
15 a	8 a	9 a	4 a	11 a	8 a	6 a	4 a

1.2.5.2　合成做法

合成遵义整体区域及 13 个县(市、区)两类 ENSO 年、次年春、夏、秋、冬各季平均的气温、降水异常及其正、负异常年份占比。其中,异常用 ENSO 年、次年值减去相应气候态,差值为正值,称正异常;差值为负值,称负异常;各季划分为春季(3—5 月)、夏季(6—8 月)、秋季(9—11 月)、冬季(当年 12 月—次年 2 月)。

第2章　遵义市极端气温指数

近 100 年，全球地面温度升高了 0.85℃；近 50 年中国年平均地面温度以 0.22℃/10a 的速率上升了 1.1℃，增幅比同期全球或北半球要高得多。全球气温升高不仅导致极端气温发生变化，而且引起极端气候事件频率和强度的变化。近年来，中国群发性或区域性的极端气候事件频次和范围不断增大（贾艳青 等，2017）；就西南 5 省（市）而言，冷指数下降，暖指数上升，气候呈变暖趋势。并且昼夜温差变小，极端气温指数空间分布规律不明显，云南省发生极端气候事件的风险较大（刘琳 等，2014）。然而，该文献引用资料密度较低，例如贵州省近 90 个站仅仅引用 5 个，遵义市 13 站只引入 1 个，显然，资料空间尺度分辨率尚有提升空间。贵州省遵义市处于云贵高原的东北部向湖南丘陵和四川盆地过渡的斜坡地带，地理位置位于 27°08′—29°12′N，105°36′—108°13′E，全市面积 30762 km²，生态环境脆弱，容易发生重旱和特旱（白慧 等，2013）。2009 年、2010 年特大"夏秋冬春"连旱，2006 年、2011 年和 2013 年特大夏旱等极端气温事件都造成巨大损失，由此，较系统地研究遵义市极端气温事件具有重要现实意义。

2.1　极端气温指数时空变化

2.1.1　长期变化趋势

表 2.1 是遵义整体区域 1960—2018 年极端气温指数线性变化倾向值及其与中国西南地区、全国的情况对比。可以发现，冰冻日数（ID）、霜冻日数（FD）、冷日指数（T_{X10}）、冷夜指数（T_{N10}）、冷日持续日数（$CSDI$）、暖日持续日数（$WSDI$）、月平均气温日较差（DTR）分别以 −0.09 d/10a、−1.99 d/10a、−0.12%/10a、−1.26%/10a、−0.7 d/10a、−0.24 d/10a、−0.12℃/10a 的速率减少；夏天日数（SU）、热夜日数（TR）、暖日指数（T_{X90}）、暖夜指数（T_{N90}）、生长期长度（GSL）、最高气温极大值（T_{Xx}）、最低气温极小值（T_{Nn}）、最低气温极大值（T_{Nx}）、最高气温极小值（T_{Xn}）分别以 0.64 d/10a、2.07 d/10a、0.41%/10a、1.11%/10a、0.13℃/10a、0.19℃/10a、0.17℃/10a、0.41℃/10a、1.72℃/10a 的速率增加。16 种指数中，FD、TR、T_{N10}、T_{N90}、$CSDI$、

DTR、T_{Nx}、T_{Xn}、T_{Xx} 和 T_{Xn} 10 个指数显著性水平小于 0.05。其中,冷特征指数 FD、CSDI、T_{N10} 和其他指数 DTR 为显著减少趋势,暖特征指数 T_{N90}、TR 和所有极值指数 T_{Xx}、T_{Nn}、T_{Nx}、T_{Xn} 为显著增加趋势。各指数在变化程度上,除 TR、T_{Xx} 变化幅度大于西南地区或者全国平均水平外,其余指数变化幅度均小于西南地区和(或)全国平均水平。

表 2.1　遵义整体区域极端气温指数线性变化倾向值及其对比

时段	ID(d)	FD(d)	SU(d)	TR(d)	T_{X10}(%)	T_{N10}(%)	T_{X90}(%)	T_{N90}(%)
遵义 1960—2018 年	−0.09	−1.99**	0.64	2.07**	−0.12	−1.26**	0.41	1.11**
西南 1951—2010 年	/	/	/	/	−0.52	−1.6	0.78	3.58
中国 1961—2008 年	−2.32	−3.48	1.18	2	/	/	/	/

时段	T_{Xx}(℃)	T_{Nn}(℃)	T_{Nx}(℃)	T_{Xn}(℃)	CSDI(d)	WSDI(d)	GSL(d)	DTR(℃)
遵义 1960—2018 年	0.13*	0.41**	0.17**	0.19**	−0.7**	−0.24	1.72	−0.12**
西南 1951—2010 年	0.04	0.31	0.1	0.18	/	1.65	/	−0.12
中国 1961—2008 年	0.07	0.63	0.21	0.35	/	/	/	−0.18

注:** 表示通过 0.01 的显著性检验,* 表示通过 0.05 的显著性检验。

为进一步了解极端指数变化特征,采用 Mann-Kendall 检测法进行突变检验(图略),表 2.2 是变化趋势显著的极端指数突变前后均值比较。可以看出所有指数突变时间都发生在 21 世纪 10 年代以前;反映冷特征的指数 FD、T_{N10}、CSDI 以及 DTR 突变后均值显著减小,反映暖特征的指数(TR、T_{N90})以及极值指数(T_{Xx}、T_{Nn}、T_{NX}、T_{Xn})突变后均值显著增大,进一步说明遵义市气温变暖的事实。

表 2.2　遵义整体区域极端气温指数突变情况

	FD(d)	TR(d)	T_{N10}(%)	T_{N90}(%)	T_{Xx}(℃)	T_{Nn}(℃)	T_{NX}(℃)	T_{Xn}(℃)	CSDI(d)	DTR(℃)
突变前均值	19.5	70	12.8	8.5	35.1	−3.6	24.9	0	5	7.7
突变后均值	11	79	8.5	12.2	35.7	−2.5	25.9	0.9	3.6	7.1
突变时间	1985	2004	1995	1995	2000	1989	2009	1989	2009	1973

2.1.2　空间变化

(1)极端气温指数

图 2.1 为各县(市、区)平均极端气温指数分布。可以看出,各县(市、区)冰冻日数(ID)均在 4 d 以下,全市平均 1.5 d,其中赤水、正安、道真 3 个县为 0 d,几乎不出现冰冻现象,冰冻日数最高的是处于西北部海拔最高的习水县,分布趋势主体上从东北低海拔地区向西南高海拔地区递增,但西北部的赤水市和西南部的余庆县例外。

霜冻日数(FD)在 0～26 d 之间,全市平均 14.7 d,各县(市、区)差异较大,最多

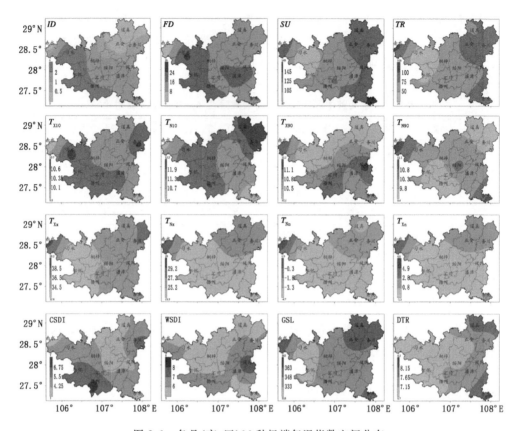

图 2.1　各县(市、区)16 种极端气温指数空间分布

出现在西北部的习水县 26 d,同处西北部的赤水市无霜冻日数,分布趋势主体上从东北低海拔地区向西南高海拔地区递增。

夏天日数(SU)在 87～149 d 之间,全市平均 122.9 d,各县(市、区)差异较大,最多是东南部的余庆县 149 d,最少是西北部的习水县 87 d,分布趋势主体上从东部低海拔地区向西部高海拔地区递减。

热夜日数(TR)在 26～108 d 之间,全市平均 69.7 d,各县(市、区)差异较大,最多是西北部的赤水市 108 d,最少是同处在西北部的习水县 26 d,分布趋势主体上从东部低海拔地区向西部高海拔地区递减。

冷日指数(T_{X10})在 9.90%～10.69%,全市平均 10.31%,最多是西北部的习水县 10.69%,最少是同处西北部的赤水市 9.90%,分布趋势主体上从东北部低海拔地区向西南部高海拔地区递增,但西北部的赤水市例外,东北部的务川自治县、东南部的余庆县例外。

　　冷夜指数(T_{N10})在 10.15% ~ 12.24%,全市平均 11.5%,最多是东北部的务川自治县 12.24%,最少是东南部的余庆县 10.15%,经纬向分布规律性不明显。

　　暖日指数(T_{X90})在 10.24% ~ 11.24%,全市平均 10.6%,最多是东部的凤冈县11.24%,最少是西北部的习水县 10.24%,经纬向分布规律性不明显。

　　暖夜指数(T_{N90})在 9.36% ~ 11.06%,全市平均 10.0%,最多是西北部的赤水市11.06%,最少是南部的播州区 9.36%,经纬向分布规律性不明显。

　　最高气温极大值(T_{Xx})在 32.1 ~ 39.2℃,全市平均 35.3℃,最高是西北部的赤水市 39.2℃,最低是同处西北部的习水县 32.1℃,分布趋势主体上从东部低海拔地区向西部高海拔地区递减。

　　最低气温极小值(T_{Nn})在 −4.7 ~ 0.9℃,全市平均 −3.3℃,最低出现在西北部的习水县 −4.7℃,最高是同处西北部的赤水市 0.9℃,主体上从东部低海拔地区向西部高海拔地区递减。

　　最低气温极大值(T_{Nx})在 23.3 ~ 29.0℃,全市平均 25.0℃,最高是西北部的赤水市 29.0℃,最低是同处西北部的习水县 23.3℃,分布趋势主体上从东北向西南递减。

　　最高气温极小值(T_{Xn})在 −1.1 ~ 4.9℃,全市平均 0.51℃,最低是西北部的习水县 −1.1℃,最高是西北部的赤水市 4.9℃,分布趋势主体上从东北向西南递减。

　　冷日持续日数(CSDI)在 3 ~ 7 d,全市平均 4.8 d,最多是播州区 7 d,最少是绥阳县 3 d,经纬向分布规律性不明显。

　　暖日持续日数(WSDI)在 5 ~ 8 d,全市平均 6.2 d,最多是绥阳县 8 d,最少是桐梓县 5 d,经纬向分布规律性不明显。

　　生长期长度(GSL)在 318 ~ 362 d,各县(市、区)差异较大,全市平均 342.8 d,最长是西北部的赤水市 362 d,最短是同处西北部的习水县 318 d,分布趋势主体上从东北向西南递减。

　　月平均气温日较差(DTR)在 6.7 ~ 8.2℃,全市平均 7.3℃,最大是西南部的余庆县 8.2℃,最小是西北部的习水县 6.7℃,分布趋势主体上从东向西递减。

　　(2)倾向值

　　图 2.2 为各县(市、区)极端气温指数长期变化倾向值空间分布。可见,所有县(市、区)冰冻日数(ID)倾向值均为一致性减少趋势(赤水市无冰冻纪录),其大小在 −0.64 ~ −0.01 d/10a 之间,没有县(市、区)通过 0.05 的显著性检验,最大减少速率是西北部的习水县 −0.64 d/10a,最小的是西南部的余庆县 −0.01 d/10a,分布趋势主体上减小幅度从东向西递增。

　　所有县(市、区)霜冻日数(FD)倾向值均为一致性显著减少趋势,其大小在 −3.72 ~ −0.12 d/10a 之间,13 个县(市、区)通过 0.05 的显著性检验,最大减少速率是西北部的习水县 −3.72 d/10a,最小减小速率是西南部的余庆县 −0.12 d/10a,分布趋势主体上减小幅度从东向西递增。

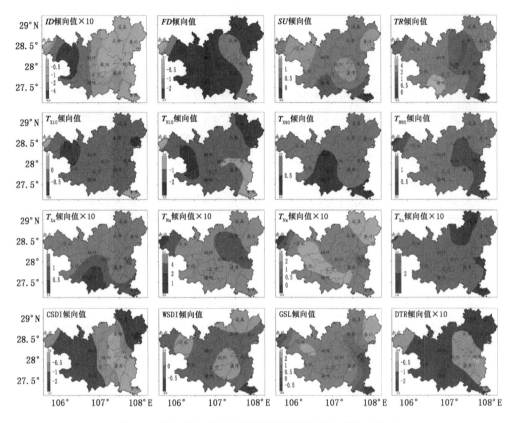

图 2.2　各县(市、区)16 种极端气温指数倾向值空间分布

　　所有县(市、区)夏天日数(SU)倾向值除西南部的余庆县以 -0.45 d/10a 减少外,其余 12 个县(市、区)均呈增加趋势,其大小在 0.27~1.63 d/10a 之间,没有县(市、区)通过 0.05 的显著性检验,最大增速是西北部的习水县 1.63 d/10a,最小增速是南部的播州区 0.27 d/10a,经纬向分布规律性不明显。

　　所有县(市、区)热夜日数(TR)倾向值除西南部的余庆县以 -0.11 d/10a 减小外,其余 12 个县(市、区)均呈增加趋势,其大小在 0.77~4.48 d/10a 之间,其中 8 个县(市、区)通过 0.05 的显著性检验,最大增速是西北部的习水县 4.48 d/10a,最小增速是东北部的正安县 0.77 d/10a,经纬向分布规律性不明显。

　　所有县(市、区)冷日指数(T_{X10})倾向值除两个海拔较低的西南部余庆县和西北部赤水市分别以倾向值 0.15%/10a、0.16%/10a 增加外,其余 11 个县(市、区)均呈减少趋势,其大小在(-0.76%~-0.05%)/10a 之间,幅度较小,有 2 个县(市、区)通过 0.05 的显著性检验,最大减速是西北部海拔最高的习水县 -0.76%/10a,最小减速是中部的绥阳县－0.05%/10a,经纬向分布规律性不明显。

所有县(市、区)冷夜指数(T_{N10})倾向值为一致性减少趋势,其大小在(－2.52%～－0.63%)/10a 之间,所有县(市、区)通过 0.05 的显著性检验,最大减速是东北部的务川自治县－2.52%/10a,最小减速是西南部的余庆县－0.63%/10a,经纬向分布规律性不明显。

所有县(市、区)暖日指数(T_{X90})倾向值均为一致性增加趋势,其大小在(0.23%～0.91%)/10a 之间,5 个县(市、区)通过 0.05 的显著性检验,最大增速是西北部的务川自治县 0.91%/10a,最小增速是西南部的余庆县 0.23%/10a,经纬向分布规律性不明显。

所有县(市、区)暖夜指数(T_{N90})倾向值均为一致性增加趋势,其大小在(0.34%～1.92%)/10a 之间,11 个县(市、区)通过 0.05 的显著性检验,最大增速是东北部的务川自治县 1.92%/10a,最小增速是西北部海拔较低的赤水市 0.34%/10a,经纬向分布规律性不明显。

所有县(市、区)最高气温极大值(T_{Xx})倾向值均为一致性增加趋势,其大小在 0.01～0.2℃/10a 之间,仅仅 1 个县(市、区)通过 0.05 的显著性检验,最大增速是西北部的习水县 0.2℃/10a,最小增速是南部的播州区 0.01℃/10a,经纬向分布规律性不明显。

所有县(市、区)最高气温极小值(T_{Xn})倾向值均为一致性增加趋势,其大小在 0.16～0.31℃/10a 之间,6 个县(市、区)通过 0.05 的显著性检验,最大增速是西北部的习水县 0.31℃/10a,最小增速是西南部的余庆县 0.16℃/10a,经纬向分布规律性不明显。

所有县(市、区)最低气温极大值(T_{Nx})为一致性增加趋势,其大小在 0.01～0.26℃/10a 之间,9 个县(市、区)通过 0.05 的显著性检验,最大增速是南部的汇川区,最小增速是西北部的赤水市,经纬向分布规律性不明显。

所有县(市、区)最低气温极小值(T_{Nn})均为一致性增加趋势,倾向值在 0.09～0.57℃/10a 之间,12 个县(市、区)通过 0.05 的显著性检验,最大增速是南部的汇川区 0.57℃/10a,最小增速是西北部的赤水市 0.09℃/10a,经纬向分布规律性不明显。

所有县(市、区)冷日持续日数(CSDI)倾向值均为一致性减少趋势,其大小在－2.19～－0.14 d/10a 之间,6 个县(市、区)通过 0.05 的显著性检验,最大减速是东北部的务川自治县－2.19 d/10a,最小减速是西南部的余庆县－0.14 d/10a。

所有县(市、区)暖日持续日数(WSDI)倾向值中,5 个县(市、区)为增加趋势,其大小在 0.03～0.38 d/10a,最大增速是绥阳县 0.38 d/10a,最小增速是汇川区 0.03 d/10a,没有县(市、区)通过 0.05 的显著性检验;8 个县(市、区)为减少趋势,其大小在－0.91～－0.07 d/10a,最大减速是西南部的余庆县－0.91 d/10a,最小减速是西部的仁怀市－0.07 d/10a,没有县(市、区)通过 0.05 的显著性检验。经纬向分布规律性不明显。

　　所有县(市、区)生长期长度(GSL)倾向值中,10县(市、区)为增加趋势,其大小在 0.65~2.53 d/10a,最大增速是东北部的务川自治县2.53 d/10a,最小增速是东北部的正安县0.65 d/10a,没有县(市、区)通过0.05的显著性检验;3个县(市、区)为减少趋势,其大小在-0.62~-0.08 d/10a,通过0.05的显著性检验,最大减速是西南部余庆县的-0.62 d/10a,最小增速是西北部赤水市的-0.08 d/10a。经纬向分布规律性不明显。

　　所有县(市、区)月平均气温日较差(DTR)倾向值均为减少趋势,其大小在 -0.21~-0.05℃/10a,8个县(市、区)通过0.05的显著性检验,最大减速是南部汇川区的-0.21℃/10a,最小增速是东部凤冈县的-0.05℃/10a。

　　综上所述,各县(市、区)反映冷特征的 ID、FD、T_{X10}、T_{N10}、CSDI 5种指数中,除1个县 T_{X10} 为增加趋势外,其余各县(市、区)、各指数均呈一致性减少趋势;反映暖特征的 SU、T_{X90}、T_{N90}、TR、WSDI 以及 GSL、DTR 7种指数中,除1县(市、区)SU、TR、DTR 3种指数,3县(市、区)GSL、8县(市、区)WSDI指数呈减少趋势外,其余各县(市、区)、各指数均呈一致性增加趋势。

2.2　极端气温指数及其倾向值与海拔高度、经度和纬度的关系

2.2.1　极端指数

　　表2.3是利用各县(市、区)极端气温指数与海拔高度(h)、经度(λ)和纬度(ϕ)的偏相关分析结果。由此表看出,在控制纬度和海拔高度两个变量时,夏天日数(SU)与经度呈显著负相关,最低气温极大值(T_{Nx})、最高气温极小值(T_{Xn})与经度呈显著正相关;在控制经度和海拔高度两个变量时,夏天日数(SU)、平均气温日较差(DTR)与纬度呈显著正相关,最低气温极小值(T_{Nn})、最低气温极大值(T_{Nx})、最高气温极小值(T_{Xn})与纬度呈显著负相关;在控制经度和纬度两个变量,冰冻日数(ID)、霜冻日数(FD)、冷日指数(T_{X10})等指数与海拔高度呈显著正相关,夏天日数(TR)、最高气温极大值(T_{Xx})、最低气温极小值(T_{Nn})、最低气温极大值(T_{Nx})、最高气温极小值(T_{Xn})、生长期长度(GSL)等指数与海拔高度呈显著负相关。通过0.05显著性检验的 ID、FD、SU、TR、T_{X10}、T_{Xx}、T_{Nn}、T_{Nx}、T_{Xn}、GSL、DTR 11种指数中,ID、FD、SU、TR、T_{X10}、T_{Xx}、T_{Nn}、T_{Nx}、T_{Xn}、GSL 10种指数与海拔高度偏相关系数绝对值最大,DTR与纬度偏相关系数绝对值最大。

表 2.3　遵义市极端气温指数与海拔高度(h)、经度(λ)和纬度(ϕ)的偏相关分析

目标值	控制变量	影响变量	偏相关系数	目标值	控制变量	影响变量	偏相关系数	目标值	控制变量	影响变量	偏相关系数
ID	ϕ,λ	h	0.785***	ID	λ,h	ϕ	−0.478	ID	ϕ,h	λ	−0.46
FD	ϕ,λ	h	0.896***	FD	λ,h	ϕ	0.354	FD	ϕ,h	λ	−0.094
SU	ϕ,λ	h	−0.952***	SU	λ,h	ϕ	0.632*	SU	ϕ,h	λ	−0.603*
TR	ϕ,λ	h	−0.956***	TR	λ,h	ϕ	0.335	TR	ϕ,h	λ	−0.292
T_{X10}	ϕ,λ	h	0.703*	T_{X10}	λ,h	ϕ	0.004	T_{X10}	ϕ,h	λ	0.05
T_{N10}	ϕ,λ	h	0.579	T_{N10}	λ,h	ϕ	0.157	T_{N10}	ϕ,h	λ	0.524
T_{X90}	ϕ,λ	h	−0.577	T_{X90}	λ,h	ϕ	−0.334	T_{X90}	ϕ,h	λ	−0.589
T_{N90}	ϕ,λ	h	−0.587	T_{N90}	λ,h	ϕ	−0.365	T_{N90}	ϕ,h	λ	−0.354
T_{Xx}	ϕ,λ	h	−0.975***	T_{Xx}	λ,h	ϕ	−0.258	T_{Xx}	ϕ,h	λ	0.502
T_{Nn}	ϕ,λ	h	−0.95***	T_{Nn}	λ,h	ϕ	−0.85***	T_{Nn}	ϕ,h	λ	0.363
T_{Nx}	ϕ,λ	h	−0.945***	T_{Nx}	λ,h	ϕ	−0.688**	T_{Nx}	ϕ,h	λ	0.612*
T_{Xn}	ϕ,λ	h	−0.955***	T_{Xn}	λ,h	ϕ	−0.728**	T_{Xn}	ϕ,h	λ	0.667*
$CSDI$	ϕ,λ	h	0.296	$CSDI$	λ,h	ϕ	−0.184	$CSDI$	ϕ,h	λ	−0.215
$WSDI$	ϕ,λ	h	0.015	$WSDI$	λ,h	ϕ	0.08	$WSDI$	ϕ,h	λ	0.027
GSL	ϕ,λ	h	−0.927***	GSL	λ,h	ϕ	0.385	GSL	ϕ,h	λ	0.067
DTR	ϕ,λ	h	−0.528	DTR	λ,h	ϕ	0.768**	DTR	ϕ,h	λ	−0.414

注：*** 表示通过 0.001 的显著性检验，** 表示通过 0.01 的显著性检验，* 表示通过 0.05 的显著性检验。

2.2.2　倾向值

表 2.4 是各县(市、区)极端气温指数倾向值与海拔高度(h)、经度(λ)和纬度(ϕ)的偏相关分析结果。由此表看出,在控制纬度和海拔高度两个变量时,夏天日数(SU)、暖日指数(T_{X90})、最高气温极大值(T_{Xx})3 种指数倾向值与经度呈显著正相关,冷日指数(T_{X10})倾向值与经度呈显著负相关;在控制经度和海拔高度两个变量时,冰冻日数(ID)倾向值与纬度呈显著正相关;在控制经度和纬度两个变量时,冰冻日数(ID)、霜冻日数(FD)、冷日指数(T_{X10})、冷夜指数(T_{N10})4 种指数倾向值与海拔高度呈显著负相关,热夜日数(TR)、暖夜指数(T_{N90})、最低气温极小值(T_{Nn})、最低气温极大值(T_{Nx})、最高气温极小值(T_{Xn})、生长期长度(GSL)6 种指数倾向值与海拔高度呈显著正相关。在通过显著性检验的 SU、T_{X90}、T_{Xx}、ID、FD、TR、T_{X10}、T_{N10}、T_{N90}、T_{Nn}、T_{Nx}、T_{Xn}、GSL 13 种指数倾向值中,ID、FD、TR、T_{X10}、T_{N10}、T_{N90}、T_{Nn}、T_{Nx}、T_{Xn}、GSL

10 种指数倾向值与海拔高度偏相关系数绝对值最大，SU、T_{X90}、T_{Xx} 3 种指数与经度偏相关系数绝对值最大。

表 2.4　遵义市极端气温指数倾向值与海拔高度(h)、经度(λ)和纬度(ϕ)的偏相关分析

目标值	控制变量	影响变量	偏相关系数	目标值	控制变量	影响变量	偏相关系数	目标值	控制变量	影响变量	偏相关系数
ID 倾向值	ϕ,λ	h	-0.786^{***}	ID 倾向值	λ,h	ϕ	0.627^{*}	ID 倾向值	ϕ,h	λ	-0.074
FD 倾向值	ϕ,λ	h	-0.861^{***}	FD 倾向值	λ,h	ϕ	-0.303	FD 倾向值	ϕ,h	λ	-0.302
SU 倾向值	ϕ,λ	h	0.53	SU 倾向值	λ,h	ϕ	-0.076	SU 倾向值	ϕ,h	λ	0.619^{*}
TR 倾向值	ϕ,λ	h	0.642^{*}	TR 倾向值	λ,h	ϕ	-0.287	TR 倾向值	ϕ,h	λ	0.17
T_{X10} 倾向值	ϕ,λ	h	-0.747^{***}	T_{X10} 倾向值	λ,h	ϕ	-0.167	T_{X10} 倾向值	ϕ,h	λ	-0.596^{*}
T_{N10} 倾向值	ϕ,λ	h	-0.634^{*}	T_{N10} 倾向值	λ,h	ϕ	-0.098	T_{N10} 倾向值	ϕ,h	λ	-0.5
T_{X90} 倾向值	ϕ,λ	h	0.296	T_{X90} 倾向值	λ,h	ϕ	0.262	T_{X90} 倾向值	ϕ,h	λ	0.66^{*}
T_{N90} 倾向值	ϕ,λ	h	0.64^{*}	T_{N90} 倾向值	λ,h	ϕ	0.159	T_{N90} 倾向值	ϕ,h	λ	0.361
T_{Xx} 倾向值	ϕ,λ	h	-0.064	T_{Xx} 倾向值	λ,h	ϕ	-0.13	T_{Xx} 倾向值	ϕ,h	λ	0.70^{*}
T_{Nn} 倾向值	ϕ,λ	h	0.671^{*}	T_{Nn} 倾向值	λ,h	ϕ	0.548	T_{Nn} 倾向值	ϕ,h	λ	0.013
T_{Nx} 倾向值	ϕ,λ	h	0.662^{*}	T_{Nx} 倾向值	λ,h	ϕ	0.516	T_{Nx} 倾向值	ϕ,h	λ	0.171
T_{Xn} 倾向值	ϕ,λ	h	0.613^{*}	T_{Xn} 倾向值	λ,h	ϕ	-0.297	T_{Xn} 倾向值	ϕ,h	λ	0.111
CSDI 倾向值	ϕ,λ	h	-0.509	CSDI 倾向值	λ,h	ϕ	0.163	CSDI 倾向值	ϕ,h	λ	-0.346
WSDI 倾向值	ϕ,λ	h	0.466	WSDI 倾向值	λ,h	ϕ	0.042	WSDI 倾向值	ϕ,h	λ	0.483

目标值	控制变量	影响变量	偏相关系数	目标值	控制变量	影响变量	偏相关系数	目标值	控制变量	影响变量	偏相关系数
GSL 倾向值	ϕ,λ	h	0.694*	GSL 倾向值	λ,h	ϕ	0.1	GSL 倾向值	ϕ,h	λ	0.484
DTR 倾向值	ϕ,λ	h	−0.39	DTR 倾向值	λ,h	ϕ	−0.076	DTR 倾向值	ϕ,h	λ	−0.065

注：***表示通过 0.001 的显著性检验，*表示通过 0.05 的显著性检验。

2.3　极端气温指数与 ENSO

表 2.5 是遵义整体区域在两类 ENSO 影响下 16 种平均的极端气温指数对比情况，主要有以下特点。

表 2.5　两类 ENSO 影响下遵义整体区域平均的极端气温指数对比

	WSDI	T_{Xx}	T_{Xn}	T_{X90}	T_{X10}	TR	T_{Nx}	T_{Nn}
东部型 El Niño 年/ 中部型 El Niño 年	7.3/7.3	35.0/35.7	0.8/0.8	11.4/11.3	9.8/10.0	71.4/71.9	25.1/24.8	−2.9/−2.7
东部型 La Niña 年/ 中部型 La Niña 年	3.1/1.1	35.1/35.3	−0.0/1.0	9.0/7.5	11.7/11.6	70.0/71.2	24.6/24.8	−2.9/−3.5
东部型 El Niño 次年/ 中部型 El Niño 次年	3.4/11.9	34.6/35.9	−0.0/0.7	9.4/13.8	12.7/9.7	68.8/72.8	24.8/25.1	−3.3/−2.6
东部型 La Niña 次年/ 中部型 La Niña 次年	4.4/10.5	35.5/36.2	1.4/−1.2	10.0/12.5	8.9/9.2	69.2/70.5	24.8/25.4	−2.4/−4.4
气候态	6.2	35.3	0.5	10.7	10.2	71.9	25	−3.1

	T_{N90}	T_{N10}	SU	ID	GSL	FD	DTR	CSDI
东部型 El Niño 年/ 中部型 El Niño 年	10.7/11.0	10.7/10.9	125/128	0.8/1.1	347/344	12.3/13.1	7.2/7.3	3.7/5.9
东部型 La Niña 年/ 中部型 La Niña 年	8.7/8.3	12.2/9.8	124/118	2.9/1.2	353/330	19.9/16.6	7.1/6.9	4.6/6.7
东部型 El Niño 次年/ 中部型 El Niño 次年	8.5/10.1	12.7/10.9	122/127	2.8/1.1	343/350	22.0/13.6	7.1/7.5	4.6/3.2
东部型 La Niña 次年/ 中部型 La Niña 次年	9.8/12.3	8.8/11.5	122/127	0.5/2.1	342/336	9.5/17.4	7.1/7.4	2.4/8.8
气候态	10	11.2	125	1.4	344.1	14.8	7.3	4.8

第一，东部型 El Niño 次年反映暖特征的指数（WSDI、T_{X90}、TR、T_{N90}、SU、GSL

以及 DTR)和极值指数(T_{Xx}、T_{Xn}、T_{Nx}、T_{Nn})比中部型 El Niño 次年要小,并且,东部型 El Niño 次年上述指数小于气候态,中部型 El Niño 次年高于气候态;东部型 El Niño 次年反应冷特征的指数(T_{X10}、T_{N10}、ID、FD、CSDI)比中部型 El Niño 次年要大,并且,东部型 El Niño 次年大于气候态,中部型 El Niño 次年小于气候态。集中表明东部型 El Niño 次年往往极端暖事件比中部型 El Niño 次年和气候态要弱,极端冷事件往往比中部型 El Niño 次年和气候态要强。

第二,东部型 La Niña 次年往往较中部型 La Niña 次年绝大多数反映暖特征指数(WSDI、T_{X90}、TR、T_{N90}、SU 以及 DTR)要小;东部型 La Niña 次年往往较中部型 La Niña 次年绝大多数反映冷特征指数(T_{X10}、T_{N10}、ID、FD)要小。集中表明东部型 La Niña 次年往往极端暖事件和极端冷事件均比中部型 La Niña 次年要弱。

2.4　结论与讨论

2.4.1　结论

(1)近 59 年来,遵义整体区域 FD、TR、T_{N10}、T_{N90}、CSDI、DTR、T_{Nx}、T_{Xn}、T_{Xx} 和 T_{Xn} 10 种指数长期变化趋势通过 0.05 的显著性检验;冷特征指数 FD、CSDI、T_{N10} 和其他指数 DTR 为显著减少趋势,暖特征指数 T_{N90}、TR 和所有极值指数 T_{Xx}、T_{Nn}、T_{Nx}、T_{Xn} 为显著增加趋势;除 TR、T_{Xx} 变化幅度大于西南地区和全国平均水平外,其余 8 种指数变化幅度均小于西南地区和(或)全国平均水平;各县(市、区)方面,除 1 个县的 2 种指数外,均与整体区域趋势一致。因而,总体而言,遵义气候呈变暖趋势,但是在程度上不及西南地区和(或)全国平均水平。

(2)SU 与经度呈显著负相关,T_{Nx}、T_{Xn} 与经度呈显著正相关。SU、DTR 与纬度呈显著正相关,T_{Nn}、T_{Nx}、T_{Xn} 与纬度呈显著负相关。ID、FD、T_{X10} 与海拔高度呈显著正相关,SU、TR、T_{Xx}、T_{Nn}、T_{Nx}、T_{Xn}、GSL 与海拔高度呈显著负相关。

(3)海拔高度是绝大多数极端气温指数(ID、FD、SU、TR、T_{X10}、T_{Xx}、T_{Nn}、T_{Nx}、T_{Xn}、GSL)空间分布的主要影响因素。

(4)海拔高度是绝大多数极端气温指数(ID、FD、TR、T_{X10}、T_{N10}、T_{N90}、T_{Nn}、T_{Nx}、T_{Xn}、GSL)倾向值空间分布的主要影响因素。

2.4.2　讨论

(1)遵义极端暖特征指数(T_{N90}、TR、T_{Xx}、T_{Nn}、T_{Nx}、T_{Xn})的显著增加,对高海拔地区有利,可以使其作物成熟不充分问题得到缓解,还可引种生育期更长的品种以提高产量,但病虫害会加重(曹祥会 等,2015);极端冷特征指数(FD、T_{N10}、CSDI)的显著减少,对近几年遵义着力发展的多年生经济作物(茶树、花椒、中药材等)有减轻低温、冻害作用,对烤烟育苗也有利;气温日较差(DTR)显著减少对作物的利与弊,与具体季节有关(姜丽霞 等,2013),本节所得结论是月平均情况,今后将深入研究 DTR 不同季节变化及其对作物产量、品质的具体影响。

(2)遵义绝大多数极端气温指数及其变化趋势主要受海拔高度制约,经、纬向分布规律性不强,进行产业结构布局调整和气象灾害防御规划时,考虑的首要因素应该是海拔高度。

(3)遵义冰冻日数(ID)、霜冻日数(FD)、冷日指数(T_{X10})等冷特征指数分布与海拔高度呈显著正相关,而它们的变化趋势与海拔高度呈显著负相关,表明高、低海拔带低温事件差别在缩小;热夜日数(TR)、最低气温极小值(T_{Nn})、最低气温极大值(T_{Nx})、最高气温极小值(T_{Xn})、生长期长度(GSL)等指数与海拔高度呈显著负相关,而它们的变化趋势与海拔高度呈显著正相关,表明生长期长度(GSL)高海拔地区趋于低海拔地区,有利于高山农业可持续发展。

第 3 章　遵义市极端降水指数

工业化社会以来,全球海洋和大气逐渐变暖,极端降水事件发生的频次、范围以及强度不断增加(王昊 等,2019),极端降水事件和水文破坏对重要交通、水利和能源基础设施构成重大威胁(张存杰 等,2014)。近几年以来,遵义暴雨频发,强度较大,最典型的当属习水县 2014 年"8·11"特大降水,其过程降水量突破历史极值的333.2 mm,因强降水而引起山洪、滑坡、泥石流等灾害,导致 13 人死亡,直接经济损失 12.67 亿元。因此,在全球气候变暖的大背景下,揭示遵义极端降水指数时空变化特征及其与海拔高度、经度和纬度之间的关系具有重要现实意义。

3.1　遵义市极端降水指数时空变化

3.1.1　长期变化趋势

表 3.1 是遵义市整体区域 1960—2018 年极端降水指数线性变化趋势及与西南地区平均水平对比。可以发现,总降水量(PRCPTOT)、连续干旱日数(CDD)、连续湿天日数(CWD)、中雨日数(R_{10})分别以 -7.62 mm/10a、-0.08 d/10a、-0.42 d/10a、-0.49 d/10a 的速率减少;大雨日数(R_{25})、强降水量(R_{95})、极端强降水量(R_{99})、降水强度(SD_{II})、1 日最大降水量(R_{x1d})、5 日最大降水量(R_{x5d})分别以 0.07 d/10a、6.36 mm/10a、3.6 mm/10a、0.01 mm/(d·10a)、0.68 mm/10a、1.19 mm/10a 的速率增加。10 种指数中仅有 CWD 通过 0.001 的显著性检验,其余指数均未通过0.05 的显著性检验,变化趋势不显著。

在有比较数据的几种指数中,总降水量(PRCPTOT)减少速率是西南地区平均水平的 2 倍,连续干旱日数(CDD)减少速率仅有西南地区平均水平的 0.06 倍,强降水量(R_{95})增加速率接近西南地区平均水平,降水强度(SD_{II})增加速率是西南地区平均水平的 2.5 倍,5 日最大降水量(R_{x5d})近似西南地区平均水平的 5 倍。说明遵义市由于总降水量减少而带来的干旱化趋势较西南地区平均水平要明显,但降水强度、5日历时降水量增加速率较西南地区平均水平要快。

表 3.1　遵义整体区域极端降水指数倾向值及与西南地区平均水平比较

	PRCPTOT (mm/10a)	CDD (d/10a)	CWD (d/10a)	R_{10} (d/10a)	R_{25} (d/10a)	R_{95} (mm/10a)	R_{99} (mm/10a)	SD_{II} (mm/(d·10a))	R_{X1d} (mm/10a)	R_{X5d} (mm/10a)
遵义市 (1960—2018 年)	−7.62	−0.08	−0.42***	−0.49	0.07	6.36	3.6	0.01	0.68	1.19
西南地区 (1951—2010 年)	−4.2	−1.24	/	/	/	6.74	/	0.004	/	0.26

注:***表示通过 0.001 的显著性检验。

3.1.2　空间变化

(1)极端指数

图 3.1 为各县(市、区)极端降水指数空间分布。可以得出,各县(市、区)最长连续无降水日数(CDD)在 16.9~29.9 d,全市平均 23.2 d,最长的是东北部的道真自治县,最短的是西北部的赤水市。空间分布主体趋势为由东北向西南逐渐减少,但西南部的余庆县、西北部的赤水市和习水县例外。

各县(市、区)最长连续降水日数(CWD)在 6.6~13.7 d,全市平均 7.7 d,最长在西南部余庆县,最短在西北部道真自治县,空间分布主体趋势为由北向西逐渐增加。

各县(市、区)总降水量(PRCPTOT)为 990.5~1204.8 mm,平均值 1083.1 mm,最大值在西北部赤水市,最小值在北部桐梓县。空间分布主体趋势由东向西逐渐减少,但西北部的赤水市、习水县例外。

各县(市、区)中雨日数(R_{10})在 28.6~36.3 d,平均值 31.7 d,最大值在西南部余庆县,最小值在仁怀市。空间分布主体趋势由东向西逐渐减少,但西北部的赤水市例外。

各县(市、区)大雨日数(R_{25})在 8.4~12.1 d,平均值 10.2 d,最大值在东部凤冈县,最小值在南部播州区。空间分布主体趋势由东向西逐渐减少,但西北部的赤水市例外。

各县(市、区)强降水量(R_{95})在 281.6~349.0 mm,平均值 315.7 mm,最大值在西北部赤水市,最小值在东北部道真自治县。空间分布主体趋势由东向西逐渐减少,但西北部的赤水市、习水县例外。

各县(市、区)极端强降水量(R_{99})在 70.7~120.8 mm,平均值 98.8 mm,最大值在西北部赤水市,最小值在东北部正安县。空间分布趋势规律性不强。

日最大降水量(R_{x1d})在 74.9~92.5 mm,平均值 83.1mm,最大值在东部湄潭县,最小值在东北部正安县。空间分布主体趋势由东向西逐渐减少,但西北部的赤水市例外。

各县(市、区)日最大降水量(R_{x5d})在 117.4~150.5 mm,平均值 128.7 mm,最大

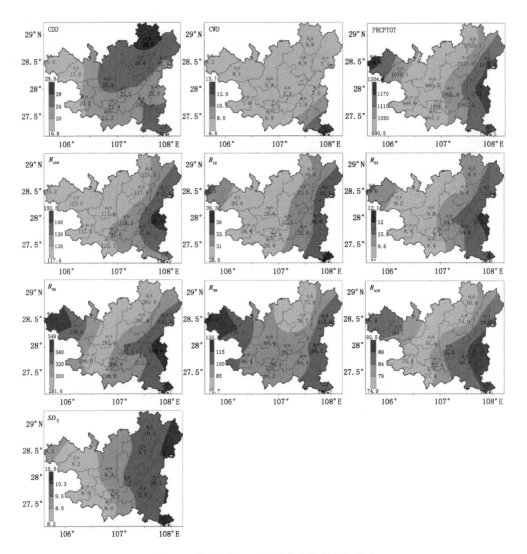

图 3.1　各县(市、区)极端降水指数空间分布

值在东部凤冈县,最小值在西北部仁怀市。空间分布主体趋势由东向西逐渐减少,但西北部的赤水市、习水县例外。

各县(市、区)降水强度(SD_{II})在 8.2~10.5 mm/d,平均 9.5 mm/d。最大值在西南部余庆县,最小值在西北部习水县。空间分布主体趋势由东向西逐渐减少,但西北部的赤水市例外。

从以上分析得出,遵义市绝大多数极端降水指数(PRCPTOT、R_{x5d}、R_{10}、R_{25}、R_{95}、R_{x1d}、SD_{II})呈由东向西逐渐减小的分布特征,但西北部赤水市表现不同;1 种指数(CDD)呈由东北向西南逐渐减少的分布特征,但西南部的余庆县例外;1种指数(R_{99})空间分布趋势规律性不强;1种指数(CWD)呈由北向南逐渐增加趋势。

(2)倾向值

图3.2是各县(市、区)极端降水指数倾向值空间分布。可以得出:最长连续无降水日数(CDD)倾向值在播州、赤水、湄潭、桐梓、习水、汇川6县(市、区)呈增加趋势,幅度在$0.01\sim0.99$ d/10a(习水增加趋势通过0.05的显著性检验);在务川、道真、凤冈、仁怀、绥阳、余庆、正安7县(市、区)呈减少趋势,幅度在$-0.09\sim-0.88$ d/10a。总体而言,空间分布趋势规律性不强,绝大多数县(市、区)变化趋势不显著。

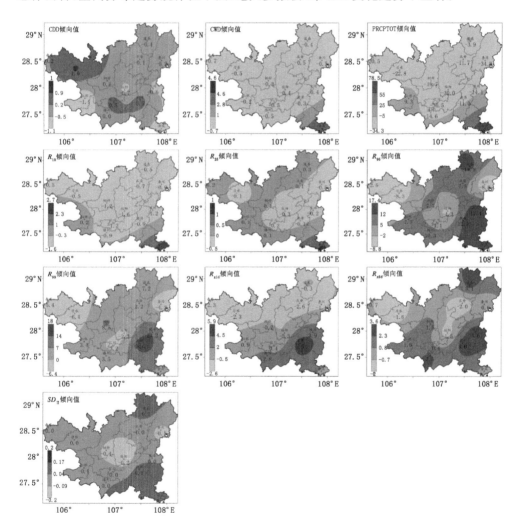

图3.2　各县(市、区)极端降水指数倾向值空间分布

最长连续降水日数(CWD)倾向值在余庆县以 4.62 d/10a 速率增加,在其余 12 县(市、区)均呈减少趋势(9 个县(市、区)通过 0.05 的显著性检验),幅度在 $-0.26\sim$ -0.67 d/10a。总体而言,空间分布趋势呈由北向南逐渐增大,绝大多数县(市、区)变化趋势显著。

总降水量(PRCPTOT)倾向值在仁怀、余庆 2 县(市、区)分别以 9.35 mm/10a、78.49 mm/10a 速率增加,在其余 11 县(市、区)均呈减少趋势,幅度在 $-3.89\sim$ -34.33 mm/10a(3 个县(市、区)减少趋势通过 0.05 的显著性检验)。总体而言,空间分布趋势呈由北向南逐渐增大,绝大多数县(市、区)变化趋势不显著。

中雨日数(R_{10})倾向值在余庆县、仁怀市分别以 2.74 d/10a、0.23 d/10a 速率增加;在务川、播州、赤水、道真、凤冈、湄潭、绥阳、桐梓、习水、正安、汇川 11 县(市、区)均呈减少趋势(5 县(市、区)通过 0.05 的显著性检验),幅度在 $-0.45\sim-1.55$ d/10a。总体而言,空间分布趋势呈由北向南逐渐增大,绝大多数县(市、区)变化趋势不显著。

大雨日数(R_{25})在务川、凤冈、湄潭、绥阳、习水、汇川 6 县(市、区)呈减少趋势,幅度在 $-4.7\sim-0.19$ d/10a;在播州、赤水、道真、仁怀、桐梓、余庆、正安 7 县(市、区)呈增加趋势,幅度在 $0.08\sim1.05$ d/10a。总体而言,空间分布趋势规律性不强,变化趋势不显著。

强降水量(R_{95})倾向值在务川、赤水、绥阳、习水、汇川 5 县(市、区)呈减少趋势,幅度在 $-8.3\sim-1.12$ mm/10a;在播州、道真、凤冈、湄潭、仁怀、桐梓、余庆、正安 8 县(市、区)呈增加趋势,幅度在 $7.49\sim17.35$ mm/10a。总体而言,空间分布趋势规律性不强,变化趋势不显著。

极端强降水量(R_{99})倾向值在务川、赤水、绥阳、习水、汇川 5 县(市、区)呈减少趋势,幅度在 $-6.43\sim-2.25$ mm/10a;播州、道真、凤冈、湄潭、仁怀、桐梓、余庆、正安 8 县(市、区)呈增加趋势,幅度在 $2.17\sim18.04$ mm/10a。总体而言,空间分布趋势规律性不强,变化趋势不显著。

最大降水量(R_{x1d})在播州、凤冈、湄潭、仁怀、余庆、汇川 6 县(市、区)呈增加趋势(湄潭县通过 0.05 的显著性检验),幅度在 $0.39\sim5.89$ mm/10a;在务川、赤水、道真、绥阳、桐梓、习水、正安 7 县(市、区)呈减少趋势,幅度在 $-2.62\sim-0.22$ mm/10a。总体而言,空间分布趋势呈从北向南逐渐增大,绝大多数县(市、区)变化趋势不显著。

日最大降水量(R_{x5d})在务川、赤水、绥阳、习水、正安 5 县(市、区)呈减少趋势,幅度在 $-2.02\sim-0.22$ mm/10a;在播州、道真、凤冈、湄潭、仁怀、桐梓、余庆、汇川 8 县(市、区)呈增加趋势,幅度在 $0.31\sim3.56$ mm/10a。总体而言,空间分布趋势规律性不强,绝大多数县(市、区)变化趋势不显著。

日降水强度(SD_{II})在播州、道真、凤冈、湄潭、习水、余庆 6 县(市、区)呈增加趋势,幅度在 $0.01\sim0.16$ mm/(d·10a);在务川、赤水、仁怀、绥阳、桐梓、正安、汇川 7

县(市、区)呈减少趋势(绥阳通过 0.05 的显著性检验),幅度在 $-0.01 \sim -0.21$ mm/(d·10a)。总体而言,空间分布趋势规律性不强,绝大多数县(市、区)变化趋势不显著。

从以上分析得出,极端降水指数 CDD、R_{25}、R_{95}、R_{99}、R_{x5d} 和 SD_{II} 倾向值空间分布复杂,规律性不强;CWD、PRCPTOT、R_{10} 和 R_{x1d} 具有由北向南逐渐增大的空间分布趋势。

3.2　极端降水指数及其倾向值与海拔高度、经度和纬度的关系

3.2.1　极端降水指数

表 3.2 是各县(市、区)极端降水指数与海拔高度(h)、经度(λ)和纬度(ϕ)的偏相关分析结果。由此表看出,连续干旱日数(CDD)、连续湿天日数(CWD)、总降水量(PRCPTOT)、中雨日数(R_{10})、大雨日数(R_{25})、强降水量(R_{95})、极端强降水量(R_{99})、降水强度(SD_{II})、1 日最大降水量(R_{x1d})、5 日最大降水量(R_{x5d})10 种指数均与海拔高度呈负相关。其中,总降水量(PRCPTOT)、中雨日数(R_{10})、大雨日数(R_{25})、降水强度(SD_{II})4 种指数通过 0.05 的显著性检验,具有显著相关性。

表 3.2　遵义市极端降水指数与海拔高度(h)、经度(λ)和纬度(ϕ)的偏相关分析

目标值	控制变量	影响变量	偏相关系数	目标值	控制变量	影响变量	偏相关系数	目标值	控制变量	影响变量	偏相关系数
CDD	ϕ,λ	h	-0.01	ID	λ,h	ϕ	0.35	ID	ϕ,h	λ	0.79^{***}
CWD	ϕ,λ	h	-0.45	FD	λ,h	ϕ	-0.58	FD	ϕ,h	λ	0.11
PRCPTOT	ϕ,λ	h	-0.64^*	SU	λ,h	ϕ	-0.15	SU	ϕ,h	λ	0.14
R_{10}	ϕ,λ	h	-0.78^{***}	TR	λ,h	ϕ	-0.3	TR	ϕ,h	λ	0.51
R_{25}	ϕ,λ	h	-0.64^*	T_{X10}	λ,h	ϕ	-0.19	T_{X10}	ϕ,h	λ	0.54
R_{95}	ϕ,λ	h	-0.38	T_{N10}	λ,h	ϕ	-0.26	T_{N10}	ϕ,h	λ	-0.10
R_{99}	ϕ,λ	h	-0.3	T_{X90}	λ,h	ϕ	-0.30	T_{X90}	ϕ,h	λ	-0.39
R_{x1d}	ϕ,λ	h	-0.34	T_{N90}	λ,h	ϕ	-0.28	T_{N90}	ϕ,h	λ	0.19
R_{x5d}	ϕ,λ	h	-0.31	T_{Xx}	λ,h	ϕ	-0.22	T_{Xx}	ϕ,h	λ	0.55
SD_{II}	ϕ,λ	h	-0.85^{***}	T_{Nn}	λ,h	ϕ	0.1	T_{Nn}	ϕ,h	λ	0.93^{***}

注:$***$ 表示通过 0.001 的显著性检验,$*$ 表示通过 0.05 的显著性检验。

连续干旱日数(CDD)、降水强度(SD_{II})2 种指数与纬度呈正相关,但相关性不显著;总降水量(PRCPTOT)、连续湿天日数(CWD)、中雨日数(R_{10})、大雨日数(R_{25})、强降水量(R_{95})、极端强降水量(R_{99})、1 日最大降水量(R_{x1d})、5 日最大降水量(R_{x5d})8

种指数与纬度呈负相关,但相关性不显著。

连续干旱日数(CDD)、连续湿天日数(CWD)、总降水量(PRCPTOT)、中雨日数(R_{10})、大雨日数(R_{25})、1 日最大降水量(R_{x1d})、5 日最大降水量(R_{x5d})、降水强度(SD_{II})8 种指数与经度呈正相关,其中,CDD 和 SD_{II} 通过 0.05 的显著性检验,具有显著相关性,说明气象干旱风险、降水强度东部大于西部;强降水量(R_{95})、极端强降水量(R_{99})2 种指数与经度呈负相关,但相关性不显著。

在 10 种指数与海拔高度、经度、纬度等变量的偏相关系数中,总降水量(PRCP-TOT)、中雨日数(R_{10})、大雨日数(R_{25})、强降水量(R_{95})、1 日最大降水量(R_{x1d})5 种指数与海拔高度偏相关系数绝对值最大,说明它们主要受海拔因子制约;连续湿天日数(CWD)与纬度的偏相关系数最大,说明它主要受纬度因子制约;连续干旱日数(CDD)、极端强降水量(R_{99})、5 日最大降水量(R_{x5d})、降水强度(SD_{II})4 种指数与经度偏相关系数最大,说明它们主要受经度因子制约。

3.2.2 倾向值

表 3.3 是遵义各县(市、区)极端降水指数倾向值与海拔高度(h)、经度(λ)和纬度(ϕ)的偏相关分析结果。由此表看出,连续干旱日数(CDD)、极端降水量(R_{99})2 种指数倾向值与海拔高度呈正相关,但相关性不显著;连续湿天日数(CWD)、总降水量(PRCPTOT)、中雨日数(R_{10})、大雨日数(R_{25})、强降水量(R_{95})、降水强度(SD_{II})、1 日最大降水量(R_{x1d})、5 日最大降水量(R_{x5d})8 种指数倾向值均与海拔高度呈负相关,但均无显著相关性。

表 3.3 遵义市极端降水指数倾向值与海拔高度(h)、经度(λ)和纬度(ϕ)的偏相关分析

目标值	控制变量	影响变量	偏相关系数	目标值	控制变量	影响变量	偏相关系数	目标值	控制变量	影响变量	偏相关系数
CDD 倾向值	ϕ,λ	h	0.32	CDD 倾向值	λ,h	ϕ	0.29	CDD 倾向值	ϕ,h	λ	−0.31
CWD 倾向值	ϕ,λ	h	−0.39	CWD 倾向值	λ,h	ϕ	−0.63*	CWD 倾向值	ϕ,h	λ	0.34
PRCPTOT 倾向值	ϕ,λ	h	−0.38	PRCPTOT 倾向值	λ,h	ϕ	−0.56	PRCPTOT 倾向值	ϕ,h	λ	0.23
R_{10} 倾向值	ϕ,λ	h	−0.37	R_{10} 倾向值	λ,h	ϕ	−0.46	R_{10} 倾向值	ϕ,h	λ	0.07
R_{25} 倾向值	ϕ,λ	h	−0.4	R_{25} 倾向值	λ,h	ϕ	−0.43	R_{25} 倾向值	ϕ,h	λ	−0.06
R_{95} 倾向值	ϕ,λ	h	−0.2	R_{95} 倾向值	λ,h	ϕ	−0.33	R_{95} 倾向值	ϕ,h	λ	0.4

续表

目标值	控制变量	影响变量	偏相关系数	目标值	控制变量	影响变量	偏相关系数	目标值	控制变量	影响变量	偏相关系数
R_{99} 倾向值	ϕ,λ	h	0.01	R_{99} 倾向值	λ,h	ϕ	−0.23	R_{99} 倾向值	ϕ,h	λ	0.47
R_{x1d} 倾向值	ϕ,λ	h	−0.03	R_{x1d} 倾向值	λ,h	ϕ	−0.62*	R_{x1d} 倾向值	ϕ,h	λ	0.39
R_{x5d} 倾向值	ϕ,λ	h	−0.01	R_{x5d} 倾向值	λ,h	ϕ	−0.23	R_{x5d} 倾向值	ϕ,h	λ	0.24
SD_{II} 倾向值	ϕ,λ	h	−0.18	SD_{II} 倾向值	λ,h	ϕ	−0.19	SD_{II} 倾向值	ϕ,h	λ	0.16

注：* 表示通过 0.05 的显著性检验。

连续干旱日数（CDD）与纬度呈正相关；总降水量（PRCPTOT）、连续湿天日数（CWD）、中雨日数（R_{10}）、大雨日数（R_{25}）、强降水量（R_{95}）、极端强降水量（R_{99}）、降水强度（SD_{II}）、1 日最大降水量（R_{x1d}）、5 日最大降水量（R_{x5d}）9 种指数倾向值均与纬度呈负相关。其中，R_{x1d}、CWD 倾向值通过 0.05 的显著性检验，具有显著相关性，表明 1 日最大历时降水量、连续湿天日数北部较南部变化趋势要慢。

大雨日数（R_{25}）、连续干旱日数（CDD）倾向值与经度呈负相关，但相关性不显著；总降水量（PRCPTOT）、连续湿天日数（CWD）、中雨日数（R_{10}）、强降水量（R_{95}）、极端强降水量（R_{99}）、降水强度（SD_{II}）、1 日最大降水量（R_{x1d}）、5 日最大降水量（R_{x5d}）8 种指数倾向值均与经度呈正相关，但相关性不显著。

在 10 种指数变化趋势倾向值与海拔高度、经度和纬度等变量的偏相关系数中，连续干旱日数（CDD）倾向值与海拔高度偏相关系数绝对值最大，说明海拔高度是其主要制约因子；1 日最大降水量（R_{x1d}）、降水强度（SD_{II}）、中雨日数（R_{10}）、大雨日数（R_{25}）、连续湿天日数（CWD）、总降水量（PRCPTOT）6 种指数倾向值与纬度偏相关系数最大，说明纬度是其主要制约因子；5 日最大降水量（R_{x5d}）、强降水量（R_{95}）、极端强降水量（R_{99}）3 种指数倾向值与经度偏相关系数最大，说明经度是其主要制约因子。

3.3　极端降水指数与 ENSO

表 3.4 是合成的遵义两类（东部型、中部型）ENSO 年、次年平均的极端降水指数。可以看出两类 ENSO 年、次年各种指数之间以及各种指数与气候态之间均表现一定差异。相比较而言，突出表现在以下两个方面。

一是强降水量(R_{95})、极端强降水量(R_{99})在东部型 La Niña 年明显多于中部型 La Niña 年,并且东部型 La Niña 年多于气候态,而中部型 La Niña 年少于气候态,说明东部型 La Niña 年强降水、极端降水比气候态要强;而中部型 La Niña 年强降水、极端降水比气候态要弱。

二是总降水量(PRCPTOT)、强降水量(R_{95})、极端强降水量(R_{99})在东部型 La Niña 次年明显少于中部型 La Niña 次年,并且少于气候态;而中部型 La Niña 次年多于气候态,说明东部型 La Niña 次年总降水量偏少,强降水、极端降水偏弱;而中部型 La Niña 次年总降水量偏多,强降水、极端降水偏强。

表 3.4　遵义市两类 ENSO 年、次年平均极端降水指数

两类 ENSO	CDD (d/10a)	CWD (d/10a)	PRCPTOT (mm/10a)	R_{10} (mm/10a)	R_{25} (mm/10a)
东部型 El Niño 年/中部型 El Niño 年	24.1/22.7	7.3/7.5	1085.0/1090.5	32.1/32.2	10.2/10.3
东部型 La Niña 年/中部型 La Niña 年	23.3/22.4	6.9/7.2	1106.3/1045.5	31.9/30.8	10.8/9.6
东部型 El Niño 次年/中部型 El Niño 次年	21.2/22.9	7.1/7.0	1076.5/1080.0	31.5/31.4	10.4/10.7
东部型 La Niña 次年/中部型 La Niña 次年	21.9/22.8	7.0/7.3	969.1/1121.8	28.2/33.2	8.7/10.5
气候态	21.2	7.1	1076.5	31.5	10.4

两类 ENSO	R_{95} (mm/10a)	R_{99} (mm/10a)	R_{x1d} (mm/10a)	R_{x5d} (mm/10a)	SD_{II} (mm/(d·10a))
东部型 El Niño 年/中部型 El Niño 年	310.0/321.0	96.0/95.3	82.8/84.3	135.5/122.4	9.5/9.7
东部型 La Niña 年/中部型 La Niña 年	341.2/289.0	109.5/88.6	84.2/80.0	126.9/124.2	9.7/9.2
东部型 El Niño 次年/中部型 El Niño 次年	317.2/327.0	89.2/99.0	79.5/81.2	121.6/119.8	9.6/9.6
东部型 La Niña 次年/中部型 La Niña 次年	243.8/334.3	65.0/112.3	73.1/86.8	115.1/133.3	8.6/9.9
气候态	317.2	89.3	79.5	121.7	9.6

3.4　结论与讨论

3.4.1　结论

(1)遵义整体区域总降水量(PRCPTOT)、连续干旱日数(CDD)、连续湿天日数(CWD)、中雨日数(R_{10})分别以 -7.62 mm/10a、-0.08 d/10a、-0.42 d/10a、-0.49 d/10a 的速率减少;大雨日数(R_{25})、强降水量(R_{95})、极端强降水量(R_{99})、降水强度(SD_{II})、1 日最大降水量(R_{x1d})、5 日最大降水量(R_{x5d})分别以 0.07 d/10a、6.36 mm/10a、3.6 mm/10a、0.01 mm/(d·10a)、0.68 mm/10a、1.19 mm/10a 的速率增加。由总降水量减少而带来的干旱化趋势较西南地区平均水平要快,但降水强度、5 日最大降水量增加速率较西南平均水平要快。

（2）遵义绝大多数降水指数（PRCPTOT、R_{10}、R_{25}、R_{x1d}、R_{x5d}、R_{95}、SD_{II}）具有由东向西逐渐减小的分布特征（西北部赤水市例外）。

（3）遵义湿天日数（CWD）、总降水量（PRCPTOT）、中雨日数（R_{10}）、大雨日数（R_{25}）总体变化趋势由北向南逐渐增大，其余指数空间分布规律性不强。

（4）总降水量（PRCPTOT）、中雨日数（R_{10}）、大雨日数（R_{25}）在高海拔地区比低海拔地区要少，降水强度（R_{95}）在高海拔地区比低海拔地区要弱；气象干旱风险、降水强度东部大于西部；1 日最大降水量增加速率、连续湿天日数减少速率北部较南部要慢。

（5）东部型 La Niña 年强降水、极端降水偏强，而中部型 La Niña 年强降水、极端降水偏弱；东部型 La Niña 次年总降水量偏少，强降水、极端降水偏弱，而中部型 La Niña 次年总降水量偏多，强降水、极端降水偏强。

3.4.2　讨论

遵义市气候具有干旱化和降水强度增大趋势，并且大于西南地区平均水平，这一结论与遵义市气候事实相符。遵义处于斜坡地带，地形起伏大，地貌类型复杂。海拔最大高差悬殊，近 2000 m，岩溶地貌分布广泛，气候干旱化，无疑将加剧干旱发生势态；降水量集中（R_{10} 减少、R_{25} 增加）、强降水量增大（R_{95}、R_{99}、R_{x1d}、R_{x5d} 增大）必将改变气候极值历史重现期，对即有交通、水利和能源基础设施构成严峻挑战，加剧防洪压力。

第4章　遵义市气温与 ENSO

4.1　ENSO 年气温异常

4.1.1　遵义

表 4.1 是遵义整体区域两类 ENSO 年春、夏、秋、冬各季平均的气温异常,主要有以下特点。

①春季在东部型 El Niño 年、中部型 El Niño 年、中部型 La Niña 年正异常,说明东部型 El Niño 年、中部型 El Niño 年、中部型 La Niña 年春季往往气温偏高;而东部型 La Niña 年为负异常,说明东部型 La Niña 年往往气温偏低。

②夏季在东部型 El Niño 年、中部型 La Niña 年负异常,说明东部型 El Niño 年、中部型 La Niña 年夏季往往气温偏低;而中部型 El Niño 年、东部型 La Niña 年夏季往往气温正常。

③秋季在两类 ENSO 年正异常,说明两类 ENSO 年秋季往往气温偏高。

④冬季在中部型 El Niño 年、中部型 La Niña 正异常,说明中部型 El Niño 年、中部型 La Niña 年冬季往往气温偏高;东部型 La Niña 年负异常,说明东部型 La Niña 年冬季往往气温偏低;东部型 El Niño 年冬季往往气温正常。

表 4.1　遵义整体区域两类 ENSO 年各季平均的气温异常(单位:℃)

	春季	夏季	秋季	冬季
东部型 El Niño 年/中部型 El Niño 年	0.3/0.4	−0.1/0.0	0.2/0.1	0.0/0.2
东部型 La Niña 年/中部型 La Niña 年	−0.2/0.3	0.0/−0.2	0.1/0.2	−0.1/0.2

表 4.2 是遵义整体区域两类 ENSO 年各季气温异常年份占比(%)及其气候态,不难看出以下特点。

①两类 ENSO 年各季气温异常年份占比与气候态均有不同程度差异。

②春季在中部型 El Niño 年、中部型 La Niña 年偏暖(正异常)年份占比比气候态多 20 个百分点以上。

③夏季在东部型 El Niño 年、中部型 La Niña 年偏冷(负异常)年份占比比气候

态多 20 个百分点以上。

④秋季在中部型 El Niño 年、中部型 La Niña 年偏暖（正异常）年份占比比气候态多 20 个百分点以上。

表 4.2　遵义整体区域两类 ENSO 年各季气温异常（>0,<0）年份占比（%）及其气候态

	春季			夏季			秋季			冬季		
	>0	<0	=0	>0	<0	=0	>0	<0	=0	>0	<0	=0
东部型 El Niño 年	60	40	0	33	67	0	47	53	0	47	53	0
中部型 El Niño 年	78	11	11	56	44	0	67	33	0	44	56	0
东部型 La Niña 年	50	50	0	63	37	0	63	37	0	50	50	0
中部型 La Niña 年	75	25	0	25	75	0	75	25	0	50	50	0
气候态	53	40	7	47	46	7	47	46	7	43	57	0

总而言之，遵义整体区域在两类 ENSO 年绝大多数季节气温均有不同程度异常，其绝对值大小在 0.4℃ 以内；春季、冬季在两类 La Niña 年异常明显相反，表明赤道中、东太平洋海面温度异常（SSTA）冷中心东、中部位置差异，对遵义春季、冬季气温有反向影响；两类 ENSO 年各季气温异常年份占比与气候态均有不同程度差异，但无论是偏暖年份占比还是偏冷年份占比都不是百分之百，说明 ENSO 不是导致气温异常的唯一原因；春季气温在中部型 El Niño 年、中部型 La Niña 年出现偏暖（正异常）的概率较大，夏季气温在东部型 El Niño 年、中部型 La Niña 年出现偏冷（负异常）的概率较大，秋季气温在中部型 El Niño 年、中部型 La Niña 年出现偏暖（正异常）的概率较大。

4.1.2　各县（市、区）

（1）播州区

表 4.3 是播州区两类 ENSO 年春季、夏季、秋季、冬季各季平均的气温异常，主要有以下特点。

①春季在东部型 El Niño 年、中部型 El Niño 年、中部型 La Niña 年正异常，说明东部型 El Niño 年、中部型 El Niño 年、中部型 La Niña 年春季往往气温偏高；而在东部型 La Niña 年负异常，说明东部型 La Niña 年春季往往气温偏低。

②夏季在两类 La Niña 年负异常，说明两类 La Niña 年夏季往往气温偏低。

③秋季在东部型 El Niño 年、中部型 El Niño 年、中部型 La Niña 年正异常，说明东部型 El Niño 年、中部型 El Niño 年、中部型 La Niña 年秋季往往气温偏高；而在东部型 La Niña 年负异常，说明东部型 La Niña 年秋季往往气温偏低。

④冬季在中部型 El Niño 年、中部型 La Niña 年正异常，说明中部型 El Niño 年、中部型 La Niña 年往往气温偏高；而在东部型 El Niño 年、东部型 La Niña 年负异常，

说明东部型 El Niño 年、东部型 La Niña 年冬季往往气温偏低。

表 4.3　播州区两类 ENSO 年各季平均的气温异常(单位:℃)

	春季	夏季	秋季	冬季
东部型 El Niño 年/中部型 El Niño 年	0.2/0.4	−0.2/−0.1	0.3/0.5	−0.1/0.2
东部型 La Niña 年/中部型 La Niña 年	−0.3/0.1	−0.1/−0.4	−0.4/0.3	−0.1/0.5

表 4.4 是播州区两类 ENSO 年各季气温异常年份占比(%)及其气候态,不难看出以下特点。

①两类 ENSO 年各季气温异常年份占比与气候态均有不同程度差异。

②春季在东部型 La Niña 年偏冷(负异常)年份占比比气候态多 20 个百分点以上。

③夏季在东部型 El Niño 年偏冷(负异常)年份占比比气候态多 20 个百分点以上。

④冬季在中部型 La Niña 年偏暖(正异常)年份占比比气候态多 20 个百分点以上。

表 4.4　播州区两类 ENSO 年各季气温异常(>0,<0)年份占比(%)及其气候态

	春季			夏季			秋季			冬季		
	>0	<0	=0	>0	<0	=0	>0	<0	=0	>0	<0	=0
东部型 El Niño 年	60	40	0	13	87	0	60	40	0	47	47	6
中部型 El Niño 年	67	22	11	56	44	0	67	22	11	45	44	11
东部型 La Niña 年	38	62	0	50	37	13	38	49	13	50	50	0
中部型 La Niña 年	75	25	0	25	75	0	50	50	0	75	25	0
气候态	57	41	2	39	57	4	57	39	4	48	46	6

总而言之,播州区在两类 ENSO 年各季气温均有不同程度异常,其绝对值在 0.5℃以内;冬季在两类 El Niño 年异常明显相反,表明赤道中、东太平洋海面温度异常(SSTA)暖中心东、中部位置差异,对播州区冬季气温有反向影响;而春季、秋季、冬季在两类 La Niña 年异常明显相反,表明赤道中、东太平洋海面温度异常(SSTA)冷中心东、中部位置差异,对播州区春季、秋季、冬季气温有反向影响;两类 ENSO 年各季气温异常年份占比与气候态均有不同程度差异,但无论是偏暖年份占比还是偏冷年份占比都不是百分之百,说明 ENSO 不是导致气温异常的唯一原因;春季气温在东部型 La Niña 年出现偏冷(负异常)的概率较大,夏季气温在东部型 El Niño 年出现偏冷(负异常)的概率较大,冬季气温在中部型 La Niña 年出现偏暖(正异常)的概率较大。

(2)赤水市

表 4.5 是赤水市两类 ENSO 年春季、夏季、秋季、冬季各季平均的气温异常,主

要有以下特点。

①春季在东部型 El Niño 年、中部型 El Niño 年、中部型 La Niña 年正异常,说明东部型 El Niño 年、中部型 El Niño 年、中部型 La Niña 年春季往往气温偏高;而在东部型 La Niña 年负异常,说明东部型 La Niña 年春季往往气温偏低。

②夏季在两类 ENSO 年正异常,说明两类 ENSO 年夏季往往气温偏高。

③秋季在两类 ENSO 年正异常,说明两类 ENSO 年秋季往往气温偏高。

④冬季在东部型 El Niño 年、中部型 El Niño 年、中部型 La Niña 年正异常,说明东部型 El Niño 年、中部型 El Niño 年、中部型 La Niña 年冬季均往往气温偏高;而东部型 La Niña 年负异常,说明东部型 La Niña 年冬季往往气温偏低。

表 4.5　赤水市两类 ENSO 年各季平均的气温异常(单位:℃)

	春季	夏季	秋季	冬季
东部型 El Niño 年/中部型 El Niño 年	0.4/0.3	0.1/0.1	0.1/0.1	0.2/0.4
东部型 La Niña 年/中部型 La Niña 年	−0.2/0.4	0.3/0.1	0.1/0.1	−0.1/0.3

表 4.6 是赤水市两类 ENSO 年各季气温异常年份占比(%)及其气候态,不难看出以下特点。

①两类 ENSO 年各季气温异常年份占比与气候态均有不同程度差异。

②春季在中部型 La Niña 年偏暖(正异常)年份占比比气候态多 20 个百分点以上。

③冬季在东部型 La Niña 年偏冷(负异常)年份占比比气候态多 20 个百分点以上。

表 4.6　赤水市两类 ENSO 年各季气温异常(>0,<0)年份占比(%)及其气候态

	春季			夏季			秋季			冬季		
	>0	<0	=0	>0	<0	=0	>0	<0	=0	>0	<0	=0
东部型 El Niño 年	67	33	0	47	46	7	53	40	7	53	47	0
中部型 El Niño 年	67	11	22	45	33	22	52	37	11	67	33	0
东部型 La Niña 年	50	50	0	63	37	0	37	37	26	25	75	0
中部型 La Niña 年	100	0	0	25	50	25	50	50	0	50	25	25
气候态	65	31	4	60	36	4	48	42	10	48	48	4

总而言之,赤水市在两类 ENSO 年各季气温均有不同程度异常,其绝对值在0.4℃以内;春季、冬季在两类 La Niña 年异常明显相反,表明赤道中、东太平洋海面温度异常(SSTA)冷中心东、中部位置差异,对赤水市春季、冬季气温有反向影响;两类 ENSO 年各季气温异常年份占比与气候态均有不同程度差异,但无论是偏暖年份占比还是偏冷年份占比都不是百分之百,说明 ENSO 不是导致气温异常的唯一原

因;春季在中部型 La Niña 年出现偏暖(正异常)的概率较大,冬季在东部型 La Niña 年出现偏冷(负异常)的概率较大。

(3)道真自治县

表 4.7 是道真自治县两类 ENSO 年各季平均的气温异常,主要有以下特征。

①春季在东部型 El Niño 年、中部型 El Niño 年、中部型 La Niña 年正异常,说明东部型 El Niño 年、中部型 El Niño 年、中部型 La Niña 年春季往往气温偏高;而在东部型 La Niña 年负异常,说明东部型 La Niña 年春季往往气温偏低。

②夏季在东部型 El Niño 年、中部型 El Niño 年往往气温正常;在东部型 La Niña 年正异常,说明东部型 La Niña 年夏季往往气温偏高;在中部型 La Niña 年负异常,说明中部型 La Niña 年夏季往往气温偏低。

③秋季在东部型 El Niño 年、中部型 El Niño 年往往气温正常;在东部型 La Niña 年、中部型 La Niña 年正异常,说明东部型 La Niña 年、中部型 La Niña 年秋季往往气温偏高。

④冬季在东部型 El Niño 年、东部型 La Niña 年负异常,说明东部型 El Niño 年、东部型 La Niña 年冬季往往气温偏低;在中部型 El Niño 年、中部型 La Niña 年正异常,说明中部型 El Niño 年、中部型 La Niña 年冬季往往气温偏高。

表 4.7　道真自治县两类 ENSO 年各季平均的气温异常(单位:℃)

	春季	夏季	秋季	冬季
东部型 El Niño 年/中部型 El Niño 年	0.2/0.3	0.0/0.0	0.0/0.0	−0.1/0.2
东部型 La Niña 年/中部型 La Niña 年	−0.2/0.1	0.1/−0.2	0.2/0.1	−0.1/0.1

表 4.8 是道真自治县两类 ENSO 年各季气温异常年份占比(%)及其气候态,不难看出以下特点。

①两类 ENSO 年各季气温异常年份占比与气候态均有不同程度差异。

②春季在中部型 El Niño 年、中部型 La Niña 年偏暖(正异常)年份占比比气候态多 20 个百分点以上。

表 4.8　道真自治县两类 ENSO 年各季气温异常(>0,<0)年份占比(%)及其气候态

	春季			夏季			秋季			冬季		
	>0	<0	=0	>0	<0	=0	>0	<0	=0	>0	<0	=0
东部型 El Niño 年	53	40	7	34	53	13	47	53	0	53	47	0
中部型 El Niño 年	78	22	0	56	44	0	45	22	33	56	33	11
东部型 La Niña 年	38	49	13	63	37	0	50	37	13	50	50	0
中部型 La Niña 年	75	25	0	25	50	25	50	25	25	50	50	0
气候态	54	42	4	49	41	10	41	47	12	48	46	6

总而言之,道真自治县在两类 ENSO 年绝大多数季节气温均有不同程度异常,其绝对值在 0.3℃ 以内;冬季在两类 El Niño 年异常明显相反,表明赤道中、东太平洋海面温度异常(SSTA)暖中心东、中部位置差异,对道真自治县冬季气温有反向影响;春季、夏季、冬季在两类 La Niña 年异常明显相反,表明中、东太平洋海面温度异常(SSTA)冷中心东、中部位置差异,对道真自治县春季、夏季、冬季气温有反向影响;两类 ENSO 年各季气温异常年份占比与气候态均有不同程度差异,但无论是偏暖年份占比还是偏冷年份占比都不是百分之百,说明 ENSO 不是导致气温异常的唯一原因;春季在中部型 El Niño 年、中部型 La Niña 年出现偏暖(正异常)的概率较大。

(4)凤冈县

表 4.9 是凤冈县两类 ENSO 年春、夏、秋、冬各季平均的气温异常,主要有以下特点。

①春季在东部型 El Niño 年、中部型 El Niño 年、中部型 La Niña 年正异常,说明东部型 El Niño 年、中部型 El Niño 年、中部型 La Niña 年春季均往往气温偏高;在东部型 La Niña 年负异常,说明东部型 La Niña 年春季往往气温偏低。

②夏季在东部型 El Niño 年、东部型 La Niña 年、中部型 La Niña 年往往气温正常;在中部型 El Niño 年负异常,说明中部型 El Niño 年夏季往往气温偏低。

③秋季在东部型 El Niño 年、东部型 La Niña 年、中部型 La Niña 年正异常,说明东部型 El Niño 年、东部型 La Niña 年、中部型 La Niña 年秋季往往气温偏高;在中部型 El Niño 年负异常,说明中部型 El Niño 年夏季往往气温偏低。

④冬季在东部型 El Niño 年往往气温正常;在中部型 El Niño 年、中部型 La Niña 年正异常,说明中部型 El Niño 年、中部型 La Niña 年往往气温偏高;在东部型 La Niña 年负异常,说明东部型 La Niña 年冬季往往气温偏低。

表 4.9 凤冈县两类 ENSO 年各季平均的气温异常(单位:℃)

	春季	夏季	秋季	冬季
东部型 El Niño 年/中部型 El Niño 年	0.2/0.2	0.0/−0.1	0.2/−0.1	0.0/0.1
东部型 La Niña 年/中部型 La Niña 年	−0.2/0.3	0.0/0.0	0.2/0.2	−0.1/0.1

表 4.10 是凤冈县两类 ENSO 年各季气温异常年份占比(%)及其气候态,不难看出以下特点。

①两类 ENSO 年各季气温异常年份占比与气候态均有不同程度差异。

②春季在中部型 La Niña 年偏暖(正异常)年份占比比气候态多 20 个百分点以上。

③夏季在中部型 La Niña 年偏冷(负异常)年份占比比气候态多 20 个百分点以上。

④秋季在中部型 La Niña 年偏暖（正异常）年份占比比气候态多 20 个百分点以上。

表 4.10　凤冈县两类 ENSO 年各季气温异常(>0,<0)年份占比(%)及其气候态

	春季			夏季			秋季			冬季		
	>0	<0	=0	>0	<0	=0	>0	<0	=0	>0	<0	=0
东部型 El Niño 年	53	47	0	60	33	7	53	40	7	53	40	7
中部型 El Niño 年	67	11	22	45	44	11	44	45	11	56	44	0
东部型 La Niña 年	38	49	13	50	50	0	63	24	13	38	49	13
中部型 La Niña 年	75	25	0	25	75	0	75	25	0	50	50	0
气候态	55	37	8	53	43	4	45	47	8	44	50	6

总而言之,凤冈县在两类 ENSO 年绝大多数季节均有不同程度异常,其绝对值在 0.3℃ 以内;秋季在两类 El Niño 年异常明显相反,表明赤道中、东太平洋海面温度异常(SSTA)暖中心东、中部位置差异,对凤冈县秋季气温有反向影响;春季、冬季在两类 La Niña 年异常明显相反,表明中、东太平洋海面温度异常(SSTA)冷中心东、中部位置差异,对凤冈县春季、冬季气温有反向影响;两类 ENSO 年各季气温异常年份占比与气候态均有不同程度差异,但无论是偏暖年份占比还是偏冷年份占比都不是百分之百,说明 ENSO 不是导致气温异常的唯一原因;春季在中部型 La Niña 年出现偏暖(正异常)的概率较大;夏季在中部型 La Niña 年出现偏冷(负异常)的概率较大;秋季在中部型 La Niña 年出现偏暖(正异常)的概率较大。

(5)湄潭县

表 4.11 是湄潭县两类 ENSO 年春、夏、秋、冬各季平均的气温异常,主要有以下特点。

①春季在东部型 El Niño 年、中部型 El Niño 年、中部型 La Niña 年正异常,说明东部型 El Niño 年、中部型 El Niño 年、中部型 La Niña 年春季往往气温偏高;在东部型 La Niña 年负异常,说明东部型 La Niña 年春季往往气温偏低。

②夏季在东部型 El Niño 年、中部型 El Niño 年、中部型 La Niña 年负异常,说明东部型 El Niño 年、中部型 El Niño 年、中部型 La Niña 年夏季往往气温偏低;在东部型 La Niña 年夏季往往气温正常。

③秋季在东部型 El Niño 年、东部型 La Niña 年、中部型 La Niña 年正异常,说明东部型 El Niño 年、东部型 La Niña 年、中部型 La Niña 年秋季往往气温偏高;在中部型 El Niño 年往往气温正常。

④冬季在东部型 El Niño 年、中部型 La Niña 年往往气温正常;在中部型 El Niño 年正异常,说明中部型 El Niño 年冬季往往气温偏高;在东部型 La Niña 年负异常,说明东部型 La Niña 年冬季往往气温偏低。

表 4.11　湄潭县两类 ENSO 年各季平均的气温异常(单位:℃)

	春季	夏季	秋季	冬季
东部型 El Niño 年/中部型 El Niño 年	0.1/0.3	−0.2/−0.1	0.1/0.0	0.0/0.2
东部型 La Niña 年/中部型 La Niña 年	−0.3/0.2	0.0/−0.3	0.2/0.1	−0.1/0.0

表 4.12 是湄潭县两类 ENSO 年各季气温异常年份占比(%)及其气候态,不难看出以下特点。

①两类 ENSO 年各季气温异常年份占比与气候态均有不同程度差异。

②春季在中部型 El Niño 年偏暖(正异常)年份占比比气候态多 20 个百分点以上,在东部型 La Niña 年偏冷(负异常)年份占比比气候态多 20 个百分点以上。

③夏季在东部型 El Niño 年偏冷(负异常)年份占比比气候态多 20 个百分点以上。

④秋季在东部型 La Niña 年偏暖(正异常)年份占比比气候态多 20 个百分点以上。

表 4.12　湄潭县两类 ENSO 年各季气温异常(>0,<0)年份占比(%)及其气候态

	春季			夏季			秋季			冬季		
	>0	<0	=0	>0	<0	=0	>0	<0	=0	>0	<0	=0
东部型 El Niño 年	53	47	0	13	87	0	47	53	0	34	40	26
中部型 El Niño 年	78	11	11	56	44	0	56	44	0	44	56	0
东部型 La Niña 年	38	62	0	37	50	13	63	37	0	38	49	13
中部型 La Niña 年	75	25	0	25	50	25	50	50	0	50	50	0
气候态	57	39	4	43	53	4	41	57	2	39	53	8

总而言之,湄潭县在两类 ENSO 年各季气温均有不同程度异常,其绝对值在 0.3℃以内;春季在两类 La Niña 年异常明显相反,表明赤道中、东太平洋海面温度异常(SSTA)冷中心东、中部位置差异对湄潭县春季气温有反向影响;两类 ENSO 年各季气温异常年份占比与气候态均有不同程度差异;春季在中部型 El Niño 年出现偏暖(正异常)的概率较大,在东部型 La Niña 年出现偏冷(负异常)的概率较大;夏季在东部型 El Niño 年出现偏冷(负异常)的概率较大;秋季气温在东部型 La Niña 年出现偏暖(正异常)的概率较大。

(6)仁怀市

表 4.13 是仁怀市两类 ENSO 年春、夏、秋、冬各季平均的气温异常,主要有以下特点。

①春季在东部型 El Niño 年、中部型 El Niño 年、中部型 La Niña 年正异常,说明东部型 El Niño 年、中部型 El Niño 年、中部型 La Niña 年春季往往气温偏高;在东部

型 La Niña 年负异常,说明东部型 La Niña 年春季往往气温偏低。

②夏季在东部型 El Niño 年、中部型 El Niño 年正异常,说明东部型 El Niño 年、中部型 El Niño 年春季往往气温偏高;在中部型 La Niña 年负异常,说明中部型 La Niña 年春季往往气温偏低;在东部型 La Niña 年往往气温正常。

③秋季在两类 ENSO 年均正异常,说明两类 ENSO 年春季均往往气温偏高。

④冬季在东部型 El Niño 年、中部型 El Niño 年、中部型 La Niña 年正异常,说明东部型 El Niño 年、中部型 El Niño 年、中部型 La Niña 年冬季往往气温偏高;在东部型 La Niña 年负异常,说明东部型 La Niña 年冬季往往气温偏低。

表 4.13　仁怀市两类 ENSO 年各季平均的气温异常(单位:℃)

	春季	夏季	秋季	冬季
东部型 El Niño 年/中部型 El Niño 年	0.6/0.8	0.2/0.1	0.3/0.4	0.3/0.5
东部型 La Niña 年/中部型 La Niña 年	−0.3/0.2	0.0/−0.3	0.2/0.1	−0.1/0.2

表 4.14 是仁怀市两类 ENSO 年各季气温异常年份占比(%)及其气候态,不难看出以下特点。

①两类 ENSO 年各季气温异常年份占比与气候态均有不同程度差异。

②春季在中部型 El Niño 年偏暖(正异常)年份占比比气候态多 20 个百分点以上。

③夏季在中部型 La Niña 年偏冷(负异常)年份占比比气候态多 20 个百分点以上。

表 4.14　仁怀市两类 ENSO 年各季气温异常(>0,<0)年份占比(%)及其气候态

	春季			夏季			秋季			冬季		
	>0	<0	=0	>0	<0	=0	>0	<0	=0	>0	<0	=0
东部型 El Niño 年	47	40	13	60	33	7	60	40	0	60	40	0
中部型 El Niño 年	89	11	0	67	33	0	56	33	11	56	44	0
东部型 La Niña 年	50	50	0	50	37	13	37	37	26	50	50	0
中部型 La Niña 年	75	25	0	25	75	0	50	50	0	50	50	0
气候态	62	32	6	55	39	6	51	41	8	51	47	2

总而言之,仁怀市在两类 ENSO 年各季气温均有不同程度异常,其绝对值在 0.8℃以内;春季、冬季在两类 La Niña 年异常明显相反,表明赤道中、东太平洋海面温度异常(SSTA)冷中心东、中部位置差异,对仁怀市春季、冬季气温有反向影响;两类 ENSO 年各季气温异常年份占比与气候态均有不同程度差异;春季在中部型 El Niño 年出现偏暖(正异常)年份的概率较大;夏季在中部型 La Niña 年出现偏冷(负异常)的概率较大。

（7）绥阳县

表 4.15 是绥阳县两类 ENSO 年春、夏、秋、冬各季平均的气温异常，主要有以下特点。

①春季在东部型 El Niño 年、中部型 El Niño 年、中部型 La Niña 年正异常，说明东部型 El Niño 年、中部型 El Niño 年、中部型 La Niña 年春季往往气温偏高；在东部型 La Niña 年负异常，说明东部型 La Niña 年春季往往气温偏低。

②夏季在东部型 El Niño 年、中部型 La Niña 年负异常，说明东部型 El Niño 年、中部型 La Niña 年夏季往往气温偏低；在中部型 El Niño 年夏季往往气温正常；在东部型 La Niña 年正异常，说明东部型 La Niña 年夏季往往气温偏高。

③秋季在东部型 El Niño 年、东部型 La Niña 年、中部型 La Niña 年正异常，说明东部型 El Niño 年、东部型 La Niña 年、中部型 La Niña 年往往气温偏高；在中部型 El Niño 年往往气温正常。

④冬季在东部型 El Niño 年往往气温正常；在中部型 El Niño 年、中部型 La Niña 年正异常，说明中部型 El Niño 年、中部型 La Niña 年往往气温偏高；在东部型 La Niña 年负异常，说明东部型 La Niña 年往往气温偏低。

表 4.15　绥阳县两类 ENSO 年各季平均的气温异常（单位：℃）

	春季	夏季	秋季	冬季
东部型 El Niño 年/中部型 El Niño 年	0.2/0.4	−0.1/0.0	0.1/0.0	0.0/0.3
东部型 La Niña 年/中部型 La Niña 年	−0.2/0.3	0.1/−0.1	0.4/0.4	−0.1/0.2

表 4.16 是绥阳县两类 ENSO 年各季气温异常年份占比（%）及其气候态，不难看出以下特点。

①两类 ENSO 年各季气温异常年份占比与气候态均有不同程度差异。

②春季在中部型 El Niño 年偏暖（正异常）年份占比比气候态多 20 个百分点以上。

③夏季在中部型 La Niña 年偏冷（负异常）年份占比比气候态多 20 个百分点以上。

表 4.16　绥阳县两类 ENSO 年各季气温异常（>0，<0）年份占比（%）及其气候态

	春季			夏季			秋季			冬季		
	>0	<0	=0	>0	<0	=0	>0	<0	=0	>0	<0	=0
东部型 El Niño 年	60	40	0	33	67	0	56	44	0	40	53	7
中部型 El Niño 年	78	11	11	56	44	0	67	33	0	45	33	22
东部型 La Niña 年	50	50	0	63	37	0	50	24	26	37	50	13
中部型 La Niña 年	75	25	0	25	75	0	75	25	0	50	50	0
气候态	58	38	4	50	50	0	53	41	6	42	50	8

④秋季在中部型 La Niña 年偏暖(正异常)年份占比比气候态多 20 个百分点以上。

总而言之,绥阳县在两类 ENSO 年各季气温均有不同程度异常,其绝对值在0.4℃以内;春季、夏季、冬季在两类 La Niña 年异常明显相反,表明赤道中、东太平洋海面温度异常(SSTA)冷中心东、中部位置差异,对绥阳县春季、夏季、冬季气温有反向影响;两类 ENSO 年各季气温异常年份占比与气候态均有不同程度差异;春季在中部型 El Niño 年出现偏暖(正异常)的概率较大;夏季在中部型 La Niña 年出现偏冷(负异常)的概率较大;秋季在中部型 La Niña 年偏暖(正异常)年出现偏暖(正异常)的概率较大。

(8)桐梓县

表 4.17 是桐梓县两类 ENS0 年春、夏、秋、冬各季平均的气温异常,主要有以下特点。

①春季气温在东部型 El Niño 年、中部型 El Niño 年、中部型 La Niña 年正异常,说明东部型 El Niño 年、中部型 El Niño 年、中部型 La Niña 年春季往往气温偏高;在东部型 La Niña 年负异常,说明东部型 La Niña 年春季往往气温偏低;在东部型 La Niña 年春季往往气温正常。

②夏季气温在东部型 El Niño 年、中部型 El Niño 年、中部型 La Niña 年负异常,说明东部型 El Niño 年、中部型 El Niño 年、中部型 La Niña 年夏季往往气温偏低;在东部型 La Niña 年夏季往往气温正常。

③秋季气温在东部型 El Niño 年、东部型 La Niña 年、中部型 La Niña 年正异常,说明东部型 El Niño 年、东部型 La Niña 年、中部型 La Niña 年秋季往往气温偏高;在中部型 El Niño 年负异常,说明中部型 El Niño 年秋季往往气温偏低。

④冬季气温在东部型 El Niño 年往往正常;在中部型 El Niño 年、中部型 La Niña 年正异常,说明中部型 El Niño 年、中部型 La Niña 年冬季往往气温偏高;在东部型 La Niña 年负异常,说明东部型 La Niña 年冬季往往气温偏低。

表 4.17　桐梓县两类 ENSO 年各季平均的气温异常(单位:℃)

	春季	夏季	秋季	冬季
东部型 El Niño 年/中部型 El Niño 年	0.3/0.3	−0.1/−0.1	0.1/−0.2	0.0/0.3
东部型 La Niña 年/中部型 La Niña 年	−0.3/0.2	0.0/−0.2	0.2/0.3	−0.1/0.2

表 4.18 是桐梓县两类 ENSO 年各季气温异常年份占比(%)及其气候态,不难看出以下特点。

①两类 ENSO 年各季气温异常年份占比与气候态均有不同程度差异。

②春季在中部型 El Niño 年、中部型 La Niña 年偏暖(正异常)年份占比比气候态多 20 个百分点以上。

③夏季在东部型 El Niño 年、中部型 La Niña 年偏冷(负异常)年份占比比气候态多 20 个百分点以上。

④秋季在中部型 La Niña 年偏暖(正异常)年份占比比气候态多 20 个百分点以上。

表 4.18 桐梓县两类 ENSO 年各季气温异常(>0,<0)年份占比(%)及其气候态

	春季			夏季			秋季			冬季		
	>0	<0	=0	>0	<0	=0	>0	<0	=0	>0	<0	=0
东部型 El Niño 年	40	47	13	27	73	0	53	47	0	47	53	0
中部型 El Niño 年	78	22	0	56	44	0	56	44	0	44	56	0
东部型 La Niña 年	38	49	13	50	50	0	56	37	7	50	50	0
中部型 La Niña 年	75	25	0	25	75	0	75	25	0	50	50	0
气候态	47	43	10	47	53	0	46	52	2	45	53	2

总而言之,桐梓县春、夏、秋、冬各季气温在两类 ENSO 年绝大多数季节均有不同程度异常,其绝对值在 0.3℃ 以内;秋季在两类 El Niño 年异常明显相反,表明赤道中、东太平洋海面温度异常(SSTA)暖中心东、中部位置差异,对桐梓县秋季气温有反向影响;春季、冬季在两类 La Niña 年异常明显相反,表明中、东太平洋海面温度异常(SSTA)冷中心东、中部位置差异,对桐梓县春季、冬季气温有反向影响;两类 EN-SO 年各季气温异常年份占比与气候态均有不同程度差异;春季在中部型 El Niño 年、中部型 La Niña 年出现偏暖(正异常)的概率较大;夏季在东部型 El Niño 年、中部型 La Niña 年出现偏冷(负异常)的概率较大;秋季在中部型 La Niña 年出现偏暖(正异常)的概率较大。

(9)务川自治县

表 4.19 是务川自治县两类 ENSO 年春、夏、秋、冬各季平均的气温异常,主要有以下特征。

①春季在东部型 El Niño 年、中部型 La Niña 年正异常,说明东部型 El Niño 年、中部型 La Niña 年春季往往气温偏高;在中部型 El Niño 年春季往往气温正常;在东部型 La Niña 年负异常,说明东部型 La Niña 年春季往往气温偏低。

②夏季在东部型 El Niño 年、中部型 El Niño 年、中部型 La Niña 年负异常,说明东部型 El Niño 年、中部型 El Niño 年、中部型 La Niña 年夏季往往气温偏低;在东部型 La Niña 年夏季往往气温正常。

③秋季在东部型 El Niño 年、东部型 La Niña 年、中部型 La Niña 年正异常,说明东部型 El Niño 年、东部型 La Niña 年、中部型 La Niña 年秋季往往气温偏高;在中部型 El Niño 年为负异常,说明中部型 El Niño 年秋季往往气温偏低。

④冬季在东部型 El Niño 年往往气温正常;在中部型 El Niño 年、东部型 La

Niña 年负异常,说明中部型 El Niño 年、东部型 La Niña 年冬季往往气温偏低;在中部型 La Niña 年正异常,说明中部型 La Niña 年冬季往往气温偏高。

表 4.19 务川自治县两类 ENSO 年各季平均的气温异常(单位:℃)

	春季	夏季	秋季	冬季
东部型 El Niño 年/中部型 El Niño 年	0.1/0.0	−0.1/−0.1	0.1/−0.1	0.0/−0.1
东部型 La Niña 年/中部型 La Niña 年	−0.2/0.3	0.0/−0.1	0.1/0.2	−0.2/0.2

表 4.20 是务川自治县两类 ENSO 年各季气温异常年份占比(%)及其气候态,不难看出以下特点。

①两类 ENSO 年各季气温异常年份占比与气候态均有不同程度差异。

②春季在中部型 La Niña 年偏暖(正异常)年份占比比气候态多 20 个百分点以上。

③秋季在东部型 La Niña 年、中部型 La Niña 年偏暖(正异常)年份占比比气候态多 20 个百分点以上。

表 4.20 务川自治县两类 ENSO 年各季气温异常(>0,<0)年份占比(%)及其气候态

	春季			夏季			秋季			冬季		
	>0	<0	=0	>0	<0	=0	>0	<0	=0	>0	<0	=0
东部型 El Niño 年	53	47	0	33	67	0	47	53	0	53	47	0
中部型 El Niño 年	67	22	11	56	44	0	22	67	11	44	56	0
东部型 La Niña 年	38	62	0	50	37	13	63	37	0	38	62	0
中部型 La Niña 年	75	25	0	50	50	0	75	25	0	50	50	0
气候态	53	45	2	47	51	2	38	58	4	43	55	2

总而言之,务川自治县在两类 ENSO 年春、夏、秋、冬各季气温均有不同程度异常,其绝对值在 0.3℃以内;秋季在两类 El Niño 年异常明显相反,表明赤道中、东太平洋海面温度异常(SSTA)暖中心东、中部位置差异,对秋季气温有反向影响;春季、冬季在两类 La Niña 年异常明显相反,表明中、东太平洋海面温度异常(SSTA)冷中心东、中部位置差异,对务川自治县春季、冬季气温有反向影响;两类 ENSO 年各季气温异常年份占比与气候态均有不同程度差异;春季在中部型 La Niña 年出现偏暖(正异常)的概率较大;秋季在东部型 La Niña 年、中部型 La Niña 年出现偏暖(正异常)的概率较大。

(10)习水县

表 4.21 是习水县两类 ENSO 年春、夏、秋、冬各季气温异常,主要有以下特点。

①春季在东部型 El Niño 年、中部型 El Niño 年、中部型 La Niña 年正异常,说明东部型 El Niño 年、中部型 El Niño 年、中部型 La Niña 年春季往往气温偏高;在东部

型 La Niña 年负异常,说明东部型 La Niña 年冬季往往气温偏低。

②夏季在东部型 El Niño 年、中部型 La Niña 年负异常,说明东部型 El Niño 年、中部型 La Niña 年夏季往往气温偏低;在中部型 El Niño 年、东部型 La Niña 年夏季往往气温正常。

③秋季在两类 ENSO 年气温均正异常,说明两类 ENSO 年秋季往往气温偏高。

④冬季在东部型 El Niño 年往往气温正常;在中部型 El Niño 年、中部型 La Niña 年正异常,说明中部型 El Niño 年、中部型 La Niña 年冬季往往气温偏高;在东部型 La Niña 年负异常,说明东部型 La Niña 年冬季往往气温偏低。

表 4.21　习水县两类 ENSO 年各季平均的气温异常(单位:℃)

	春季	夏季	秋季	冬季
东部型 El Niño 年/中部型 El Niño 年	0.3/0.4	−0.1/0.0	0.1/0.1	0.0/0.3
东部型 La Niña 年/中部型 La Niña 年	−0.3/0.3	0.0/−0.1	0.1/0.3	−0.1/0.3

表 4.22 是习水县两类 ENSO 年各季气温异常年份占比(%)及其气候态,不难看出以下特点。

①两类 ENSO 年各季气温异常年份占比与气候态均有不同程度差异。

②春季在中部型 El Niño 年、中部型 La Niña 年偏暖(正异常)年份占比比气候态多 20 个百分点以上。

表 4.22　习水县两类 ENSO 年各季气温异常(>0,<0)年份占比(%)及其气候态

	春季			夏季			秋季			冬季		
	>0	<0	=0	>0	<0	=0	>0	<0	=0	>0	<0	=0
东部型 El Niño 年	60	40	0	33	67	0	47	53	0	47	53	0
中部型 El Niño 年	78	11	11	56	44	0	56	33	11	44	56	0
东部型 La Niña 年	38	62	0	50	50	0	38	49	13	50	50	0
中部型 La Niña 年	75	25	0	50	25	25	50	50	0	50	50	0
气候态	55	43	2	52	48	0	41	53	6	45	53	2

总而言之,习水县在两类 ENSO 年春、夏、秋、冬各季气温均有不同程度异常,其绝对值在 0.4℃ 以内;春季、冬季在两类 La Niña 年异常明显相反,表明赤道中、东太平洋海面温度异常(SSTA)冷中心东、中部位置差异,对习水县春季、冬季气温有反向影响;两类 ENSO 年各季气温异常年份占比与气候态均有不同程度差异;春季在中部型 El Niño 年、中部型 La Niña 年出现偏暖(正异常)的概率较大。

(11)余庆县

表 4.23 是余庆县两类 ENSO 年春、夏、秋、冬各季平均的气温异常,主要有以下特点。

①春季在东部型 El Niño 年、中部型 El Niño 年、中部型 La Niña 年正异常,说明东部型 El Niño 年、中部型 El Niño 年、中部型 La Niña 年春季往往气温偏高;在东部型 La Niña 年负异常,说明东部型 La Niña 年春季往往气温偏低。

②夏季在东部型 El Niño 年、东部型 La Niña 年正异常,说明东部型 El Niño 年、东部型 La Niña 年夏季往往气温偏高;在中部型 El Niño 年、中部型 La Niña 年夏季往往气温正常。

③秋季在两类 ENSO 年均正异常,说明两类 ENSO 年秋季往往气温偏高。

④冬季在东部型 El Niño 年、中部型 El Niño 年、中部型 La Niña 年正异常,说明东部型 El Niño 年、中部型 El Niño 年、中部型 La Niña 年冬季往往气温偏高;在东部型 La Niña 年冬季往往气温正常。

表 4.23　余庆县两类 ENSO 年各季平均的气温异常(单位:℃)

	春季	夏季	秋季	冬季
东部型 El Niño 年/中部型 El Niño 年	0.3/0.4	0.1/0.0	0.3/0.1	0.1/0.2
东部型 La Niña 年/中部型 La Niña 年	−0.2/0.4	0.1/0.0	0.3/0.3	0.0/0.3

表 4.24 是余庆县两类 ENSO 年各季气温异常年份占比(%)及其气候态,不难看出以下特点。

①两类 ENSO 年各季气温异常年份占比与气候态均有不同程度差异。

②夏季在中部型 La Niña 年偏冷(负异常)年份占比比气候态多 20 个百分点以上。

③秋季在中部型 La Niña 年偏暖(正异常)年份占比比气候态多 20 个百分点以上。

表 4.24　余庆县两类 ENSO 年各季气温异常(>0,<0)年份占比(%)及其气候态

	春季			夏季			秋季			冬季		
	>0	<0	=0	>0	<0	=0	>0	<0	=0	>0	<0	=0
东部型 El Niño 年	60	40	0	40	60	0	60	40	0	53	47	0
中部型 El Niño 年	67	22	11	56	44	0	56	44	0	56	44	0
东部型 La Niña 年	50	50	0	63	37	0	63	37	0	50	50	0
中部型 La Niña 年	75	0	25	25	75	0	75	25	0	50	25	25
气候态	58	36	6	57	43	0	53	45	2	48	50	2

总而言之,余庆县在两类 ENSO 年绝大多数季节均有不同程度异常,其绝对值在 0.4℃以内;春季在两类 La Niña 年异常明显相反,表明赤道中、东太平洋海面温度异常(SSTA)冷中心东、中部位置差异,对余庆县春季、冬季气温有反向影响;两类 ENSO 年各季气温异常年份占比与气候态均有不同程度差异;夏季在中部型 La

Niña 年出现偏冷(负异常)的概率较大;秋季在中部型 La Niña 年出现偏暖(正异常)的概率较大。

(12)正安县

表 4.25 是正安县两类 ENSO 年春、夏、秋、冬各季平均的气温异常,主要有以下特点。

①春季在东部型 El Niño 年、中部型 El Niño 年、中部型 La Niña 年正异常,说明东部型 El Niño 年、中部型 El Niño 年、中部型 La Niña 年春季往往气温偏高;在东部型 La Niña 年负异常,说明东部型 La Niña 年春季往往气温偏低。

②夏季在东部型 El Niño 年、中部型 El Niño 年往往气温正常;在东部型 La Niña 年、中部型 La Niña 年负异常,说明东部型 La Niña 年、中部型 La Niña 年夏季往往气温偏低。

③秋季在东部型 El Niño 年、东部型 La Niña 年、中部型 La Niña 年正异常,说明东部型 El Niño 年、东部型 La Niña 年、中部型 La Niña 年往往气温偏高;在中部型 El Niño 年负异常,说明中部型 El Niño 年秋季往往气温偏低。

④冬季在东部型 El Niño 年、东部型 La Niña 年负异常,说明东部型 El Niño 年、东部型 La Niña 年冬季往往气温偏低;在中部型 El Niño 年、中部型 La Niña 年正异常,说明中部型 El Niño 年、中部型 La Niña 年冬季往往气温偏高。

表 4.25　正安县两类 ENSO 年各季平均的气温异常(单位:℃)

	春季	夏季	秋季	冬季
东部型 El Niño 年/中部型 El Niño 年	0.2/0.2	0.0/0.0	0.1/−0.1	−0.1/0.2
东部型 La Niña 年/中部型 La Niña 年	−0.4/0.2	−0.1/−0.2	0.1/0.4	−0.3/0.2

表 4.26 是正安县两类 ENSO 年各季气温异常年份占比(%)及其气候态,不难看出以下特点。

①两类 ENSO 年各季气温异常年份占比与气候态均有不同程度差异。

②春季在中部型 El Niño 年、中部型 La Niña 年偏暖(正异常)年份占比比气候态多 20 个百分点以上,在东部型 La Niña 年偏冷(负异常)年份占比比气候态多 20 个百分点以上。

③夏季在中部型 La Niña 年偏冷(负异常)年份占比比气候态多 20 个百分点以上。

④秋季在中部型 La Niña 年偏暖(正异常)年份占比比气候态多 20 个百分点以上。

表 4.26　正安县两类 ENSO 年各季气温异常(>0,<0)年份占比(%)及其气候态

	春季			夏季			秋季			冬季		
	>0	<0	=0	>0	<0	=0	>0	<0	=0	>0	<0	=0
东部型 El Niño 年	60	40	0	33	60	7	53	40	7	47	46	7
中部型 El Niño 年	78	11	11	56	44	0	45	33	22	44	56	0
东部型 La Niña 年	25	62	13	36	36	28	37	50	13	38	62	0
中部型 La Niña 年	75	25	0	25	75	0	75	25	0	50	50	0
气候态	55	41	4	41	51	8	39	49	12	43	53	4

总而言之,正安县两类 ENSO 年绝大多数季节气温均有不同程度异常,其绝对值在 0.4℃ 以内;秋季、冬季在两类 El Niño 年异常明显相反,表明赤道中、东太平洋海面温度异常(SSTA)暖中心东、中部位置差异,对秋季、冬季气温有反向影响;春季、冬季在两类 La Niña 年异常明显相反,表明中、东太平洋海面温度异常(SSTA)冷中心东、中部位置差异,对正安县春季、冬季气温有反向影响;两类 ENSO 年各季气温异常年份占比与气候态均有不同程度差异;春季在中部型 El Niño 年、中部型 La Niña 年出现偏暖(正异常)的概率较大,在东部型 La Niña 年出现偏冷(负异常)的概率较大;夏季在中部型 La Niña 年出现偏冷(负异常)的概率较大;秋季在中部型 La Niña 年出现偏暖(正异常)的概率较大。

(13)汇川区

表 4.27 是汇川区两类 ENSO 年春、夏、秋、冬各季平均的气温异常,主要有以下特点。

①春季在东部型 El Niño 年、中部型 El Niño 年、中部型 La Niña 年正异常,说明东部型 El Niño 年、中部型 El Niño 年、中部型 La Niña 年春季往往气温偏高;在东部型 La Niña 年负异常,说明东部型 La Niña 年春季往往气温偏低。

②夏季在两类 ENSO 年负异常,说明两类 ENSO 年夏季往往气温偏低。

③秋季在东部型 El Niño 年、东部型 La Niña 年、中部型 La Niña 年正异常,说明东部型 El Niño 年、东部型 La Niña 年、中部型 La Niña 年秋季往往气温偏高;在中部型 El Niño 年往往气温正常。

④冬季在东部型 El Niño 年往往气温正常;在中部型 El Niño 年、中部型 La Niña 年正异常,说明中部型 El Niño 年、中部型 La Niña 年冬季往往气温偏高;在东部型 La Niña 年负异常,说明东部型 La Niña 年冬季往往气温偏低。

表 4.27　汇川区两类 ENSO 年各季平均的气温异常(单位:℃)

	春季	夏季	秋季	冬季
东部型 El Niño 年/中部型 El Niño 年	0.2/0.3	−0.1/−0.1	0.1/0.0	0.0/0.2
东部型 La Niña 年/中部型 La Niña 年	−0.3/0.1	−0.1/−0.3	0.2/0.1	−0.1/0.1

表 4.28 是汇川区两类 ENSO 年各季气温异常年份占比(%)及其气候态,不难看出以下特点。

①两类 ENSO 年各季气温异常年份占比与气候态均有不同程度差异。

②春季在中部型 El Niño 年偏暖(正异常)年份占比比气候态多 20 个百分点以上,在东部型 La Niña 年偏冷(负异常)年份占比比气候态多 20 个百分点以上。

③夏季在东部型 El Niño 年偏冷(负异常)年份占比比气候态多 20 个百分点以上。

④秋季在东部型 La Niña 年偏暖(正异常)年份占比比气候态多 20 个百分点以上。

表 4.28　汇川区两类 ENSO 年各季气温异常(>0,<0)年份占比(%)及其气候态

	春季			夏季			秋季			冬季		
	>0	<0	=0	>0	<0	=0	>0	<0	=0	>0	<0	=0
东部型 El Niño 年	60	40	0	13	80	7	47	53	0	47	53	0
中部型 El Niño 年	78	22	0	56	44	0	56	44	0	44	45	11
东部型 La Niña 年	38	62	0	25	49	26	63	37	0	50	50	0
中部型 La Niña 年	75	25	0	25	75	0	25	75	0	50	50	0
气候态	57	41	2	43	57	0	40	60	0	43	57	0

总而言之,汇川区两类 ENSO 年绝大多数季节均有不同程度异常,其绝对值在 0.3℃以内;春季、冬季在两类 La Niña 年异常明显相反,表明赤道中、东太平洋海面温度异常(SSTA)冷中心东、中部位置差异,对汇川区春季、冬季气温有反向影响;两类 ENSO 年各季气温异常年份占比与气候态均有不同程度差异;春季在中部型 El Niño 年出现偏暖(正异常)的概率较大,在东部型 La Niña 年出现偏冷(负异常)的概率较大;夏季在东部型 El Niño 年出现偏冷(负异常)的概率较大;秋季在东部型 La Niña 年出现偏暖(正异常)的概率较大。

4.2　ENSO 次年气温异常

4.2.1　遵义

表 4.29 是遵义整体区域两类 ENSO 次年春、夏、秋、冬各季平均的气温异常,主要有以下特点。

①春季在东部型 El Niño 次年、东部型 La Niña 次年、中部型 La Niña 次年正异常,说明东部型 El Niño 次年、东部型 La Niña 次年、中部型 La Niña 次年春季往往气温偏高;中部型 El Niño 次年负异常,说明中部型 El Niño 次年往往气温偏低。

②夏季在东部型 El Niño 次年负异常,说明东部型 El Niño 次年往往气温偏低;在中部型 El Niño 次年、中部型 La Niña 次年正异常,说明中部型 El Niño 次年、中部型 La Niña 次年夏季往往气温偏高;在东部型 La Niña 次年往往气温正常。

③秋季在东部型 El Niño 次年、东部型 La Niña 次年负异常,说明东部型 El Niño 次年、东部型 La Niña 次年往往气温偏低;在中部型 El Niño 次年、中部型 La Niña 次年正异常,说明中部型 El Niño 次年、中部型 La Niña 次年秋季往往气温偏高。

④冬季在东部型 El Niño 次年、东部型 La Niña 次年、中部型 La Niña 次年正异常,说明东部型 El Niño 次年、东部型 La Niña 次年、中部型 La Niña 次年冬季往往气温偏高;在中部型 El Niño 次年负异常,说明中部型 El Niño 次年冬季往往气温偏低。

表 4.29 遵义整体区域两类 ENSO 次年各季平均的气温异常(单位:℃)

	春季	夏季	秋季	冬季
东部型 El Niño 次年/中部型 El Niño 次年	0.2/−0.1	−0.1/0.3	−0.1/0.1	0.1/−0.3
东部型 La Niña 次年/中部型 La Niña 次年	0.4/0.5	0/0.5	−0.1/0.1	0.3/0.2

表 4.30 是遵义整体区域两类 ENSO 次年各季气温异常年份占比(%)及其气候态,不难看出以下特点。

①两类 ENSO 次年各季气温异常年份占比与气候态均有不同程度差异。

②春季在东部型 La Niña 次年、中部型 La Niña 次年偏暖(正异常)年份占比比气候态多 20 个百分点以上。

③夏季在中部型 El Niño 次年偏暖(正异常)年份占比比气候态多 20 个百分点以上。

④秋季在中部型 La Niña 次年偏暖(正异常)年份占比比气候态多 20 个百分点以上。

⑤冬季在东部型 La Niña 次年、中部型 La Niña 次年偏暖(正异常)年份占比比气候态多 20 个百分点以上。

表 4.30 遵义整体区域两类 ENSO 次年各季气温异常(>0,<0)年份占比(%)及其气候态

	春季			夏季			秋季			冬季		
	>0	<0	=0	>0	<0	=0	>0	<0	=0	>0	<0	=0
东部型 El Niño 次年	64	36	0	45	55	0	36	64	0	45	55	0
中部型 El Niño 次年	33	50	17	83	17	0	50	50	0	33	67	0
东部型 La Niña 次年	87	0	13	38	62	0	38	49	13	63	37	0
中部型 La Niña 次年	75	25	0	50	50	0	75	25	0	75	25	0
气候态	53	40	7	47	46	7	47	46	7	43	57	0

　　总而言之,遵义在两类 ENSO 次年各季气温均有不同程度异常,其绝对值大小在 0.5℃以内;两类 El Niño 次年春季、夏季、秋季、冬季异常明显相反,表明赤道中、东太平洋海面温度异常(SSTA)暖中心东、中部位置差异,对春季、夏季、秋季、冬季气温有反向影响;两类 La Niña 次年秋季异常明显相反,表明中、东太平洋海面温度异常(SSTA)冷中心东、中部位置差异,对秋季气温有反向影响;两类 ENSO 次年各季气温异常年份占比与气候态均有不同程度差异;春季在东部型 La Niña 次年、中部型 La Niña 次年出现偏暖(正异常)的概率较大;夏季在中部型 El Niño 次年出现偏暖(正异常)的概率较大;秋季在中部型 La Niña 次年出现偏暖(正异常)的概率较大;冬季在东部型 La Niña 次年、中部型 La Niña 次年出现偏暖(正异常)的概率较大。

4.2.2　各县(市、区)

(1)播州区

　　表 4.31 是播州区两类 ENSO 次年春、夏、秋、冬各季平均的气温异常,主要有以下特点。

　　①春季在东部型 El Niño 次年、东部型 La Niña 次年、中部型 La Niña 次年正异常,说明东部型 El Niño 次年、东部型 La Niña 次年、中部型 La Niña 次年春季往往气温偏高;在中部型 El Niño 次年负异常,说明中部型 El Niño 次年春季往往气温偏低。

　　②夏季在东部型 El Niño 次年、东部型 La Niña 次年负异常,说明东部型 El Niño 次年、东部型 La Niña 次年夏季往往气温偏低;在中部型 El Niño 次年、中部型 La Niña 次年正异常,说明中部型 El Niño 次年、中部型 La Niña 次年夏季往往气温偏高。

　　③秋季在东部型 El Niño 次年往往气温正常;在中部型 El Niño 次年、东部型 La Niña 次年、中部型 La Niña 次年正异常,说明中部型 El Niño 次年、东部型 La Niña 次年、中部型 La Niña 次年秋季往往气温偏高。

　　④冬季在东部型 El Niño 次年、东部型 La Niña 次年、中部型 La Niña 次年正异常,说明东部型 El Niño 次年、东部型 La Niña 次年、中部型 La Niña 次年冬季往往气温偏高;在中部型 El Niño 次年负异常,说明中部型 El Niño 次年往往气温偏低。

表 4.31　播州区两类 ENSO 次年各季平均的气温异常(单位:℃)

	春季	夏季	秋季	冬季
东部型 El Niño 次年/中部型 El Niño 次年	0.1/−0.1	−0.2/0.1	0.0/0.4	0.1/−0.5
东部型 La Niña 次年/中部型 La Niña 次年	0.3/0.4	−0.2/0.3	0.3/0.9	0.4/0.3

　　表 4.32 是播州区两类 ENSO 次年各季气温异常年份占比(%)及其气候态,不难看出以下特点。

　　①两类 ENSO 次年各季气温异常年份占比与气候态均有不同程度差异。

②春季在东部型 La Niña 次年偏暖（正异常）年份占比比气候态多 20 个百分点以上；在中部型 El Niño 次年偏冷（负异常）年份占比比气候态多 20 个百分点以上。

③秋季在中部型 El Niño 年次年偏暖（正异常）年份占比比气候态多 20 个百分点以上。

④冬季在东部型 La Niña 次年、中部型 La Niña 次年偏暖（正异常）年份占比比气候态多 20 个百分点以上；在中部型 El Niño 次年偏冷（负异常）年份占比比气候态多 20 个百分点以上。

表 4.32　播州区两类 ENSO 次年各季气温异常（＞0，＜0）年份占比（%）及其气候态

	春季			夏季			秋季			冬季		
	＞0	＜0	=0	＞0	＜0	=0	＞0	＜0	=0	＞0	＜0	=0
东部型 El Niño 次年	58	36	6	45	55	0	27	55	18	55	36	9
中部型 El Niño 次年	33	67	0	50	33	17	83	17	0	33	67	0
东部型 La Niña 次年	87	0	13	25	75	0	50	50	0	75	25	0
中部型 La Niña 次年	75	25	0	50	50	0	75	25	0	75	25	0
气候态	57	41	2	39	57	4	57	39	4	48	46	6

总而言之，播州区在两类 ENSO 次年各季气温均有不同程度异常，其绝对值大小在 0.9℃ 以内；春季、夏季、冬季在两类 El Niño 次年异常明显相反，表明赤道中、东太平洋海面温度异常（SSTA）暖中心东、中部位置差异，对春季、夏季、冬季气温有反向影响；夏季在两类 La Niña 次年异常明显相反，表明中、东太平洋海面温度异常（SSTA）冷中心东、中部位置差异，对夏季气温异常有反向影响；两类 ENSO 次年各季气温异常年份占比与气候态均有不同程度差异；春季在东部型 La Niña 次年出现偏暖（正异常）的概率较大，在中部型 El Niño 次年出现偏冷（负异常）的概率较大；秋季在中部型 El Niño 年次年出现偏暖（正异常）的概率较大；冬季在东部型 La Niña 次年、中部型 La Niña 次年出现偏暖（正异常）的概率较大，在中部型 El Niño 次年出现偏冷（负异常）的概率较大。

（2）赤水市

表 4.33 是赤水市两类 ENSO 次年春、夏、秋、冬各季气温异常，主要有以下特点。

①春季在东部型 El Niño 次年、东部型 La Niña 次年、中部型 La Niña 次年正异常，说明东部型 El Niño 次年、东部型 La Niña 次年、中部型 La Niña 次年春季往往气温偏高；在中部型 El Niño 次年负异常，说明中部型 El Niño 次年春季往往气温偏低。

②夏季在两类 ENSO 次年正异常，说明两类 ENSO 次年夏季往往气温偏高。

③秋季在东部型 El Niño 次年、中部型 El Niño 次年往往气温正常；在东部型 La Niña 次年负异常，说明东部型 La Niña 次年秋季往往气温偏低；在中部型 La Niña 次

年正异常,说明中部型 La Niña 次年秋季往往气温偏高。

④冬季在东部型 El Niño 次年、东部型 La Niña 次年、中部型 La Niña 次年正异常,说明东部型 El Niño 次年、东部型 La Niña 次年、中部型 La Niña 次年冬季往往气温偏高;在中部型 El Niño 次年负异常,说明中部型 El Niño 次年冬季往往气温偏低。

表 4.33　赤水市两类 ENSO 次年各季平均的气温异常(单位:℃)

	春季	夏季	秋季	冬季
东部型 El Niño 次年/中部型 El Niño 次年	0.1/−0.1	0.1/0.8	0.0/0.0	0.1/−0.1
东部型 La Niña 次年/中部型 La Niña 次年	0.5/0.6	0.2/0.7	−0.2/0.4	0.4/0.2

表 4.34 是赤水市两类 ENSO 次年各季气温异常年份占比(%)及其气候态,不难看出以下特点。

①两类 ENSO 次年各季气温异常年份占比与气候态均有不同程度差异。

②夏季在中部型 El Niño 次年偏暖(正异常)年份占比比气候态多 20 个百分点以上。

③秋季在中部型 La Niña 次年偏暖(正异常)年份占比比气候态多 20 个百分点以上;在中部型 El Niño 次年偏冷(负异常)年份占比比气候态多 20 个百分点以上。

④中部型 El Niño 次年偏冷(负异常)年份占比比气候态多 20 个百分点以上。

表 4.34　赤水市两类 ENSO 次年各季气温异常(>0,<0)年份占比(%)及其气候态

	春季			夏季			秋季			冬季		
	>0	<0	=0	>0	<0	=0	>0	<0	=0	>0	<0	=0
东部型 El Niño 次年	82	18	0	55	45	0	37	45	18	45	55	0
中部型 El Niño 次年	50	50	0	83	17	0	33	67	0	33	67	0
东部型 La Niña 次年	62	12	26	37	37	26	50	50	0	63	37	0
中部型 La Niña 次年	75	25	0	75	25	0	75	25	0	50	50	0
气候态	65	31	4	60	36	4	48	42	10	48	48	4

总而言之,赤水市在两类 ENSO 次年绝大多数季节气温均有不同程度异常,其绝对值大小在 0.8℃以内;春季、冬季在两类 El Niño 次年异常明显相反,表明赤道中、东太平洋海面温度异常(SSTA)暖中心东、中部位置差异,对春季、冬季气温有反向影响;秋季在两类 La Niña 次年异常明显相反,表明中、东太平洋海面温度异常(SSTA)冷中心东、中部位置差异,对秋季气温异常有反向影响;两类 ENSO 次年各季气温异常年份占比与气候态均有不同程度差异;夏季在中部型 El Niño 次年出现偏暖(正异常)的概率较大;秋季在中部型 La Niña 次年出现偏暖(正异常)的概率较大,在中部型 El Niño 次年出现偏冷(负异常)的概率较大;冬季在中部型 El Niño 次年出现偏冷(负异常)的概率较大。

(3)道真自治县

表4.35是道真自治县两类ENSO次年春、夏、秋、冬各季气温异常,主要有以下特点。

①春季在东部型El Niño次年往往气温正常;在中部型El Niño次年负异常,说明中部型El Niño次年往往气温偏低;在东部型La Niña次年、中部型La Niña次年正异常,说明东部型La Niña次年、中部型La Niña次年春季往往气温偏高。

②夏季在东部型El Niño次年负异常,说明东部型El Niño次年夏季往往气温偏低;中部型El Niño次年、中部型La Niña次年正异常,说明中部型El Niño次年、中部型La Niña次年夏季往往气温偏高;在东部型La Niña次年夏季往往气温正常。

③秋季在东部型El Niño次年、东部型La Niña次年负异常,说明东部型El Niño次年、东部型La Niña次年秋季往往气温偏低;在中部型El Niño次年、中部型La Niña次年秋季往往气温正常。

④冬季在东部型El Niño次年往往气温正常;在中部型El Niño次年负异常,说明中部型El Niño次年冬季往往气温偏低;在东部型La Niña次年、中部型La Niña次年正异常,说明东部型La Niña次年、中部型La Niña次年冬季往往气温偏高。

表4.35　道真自治县两类ENSO次年各季平均的气温异常(单位:℃)

	春季	夏季	秋季	冬季
东部型El Niño次年/中部型El Niño次年	0.0/−0.1	−0.1/0.4	−0.2/0.0	0.0/−0.4
东部型La Niña次年/中部型La Niña次年	0.3/0.2	0.0/0.4	−0.2/0.0	0.2/0.1

表4.36是道真自治县两类ENSO次年各季气温异常年份占比(%)及其气候态,不难看出以下特点。

①两类ENSO次年各季气温异常年份占比与气候态均有不同程度差异。

②春季在东部型La Niña次年偏暖(正异常)年份占比比气候态多20个百分点以上。

表4.36　道真自治县两类ENSO次年各季气温异常(>0,<0)年份占比(%)及其气候态

	春季			夏季			秋季			冬季		
	>0	<0	=0	>0	<0	=0	>0	<0	=0	>0	<0	=0
东部型El Niño次年	46	45	9	45	55	0	27	64	9	46	45	9
中部型El Niño次年	33	50	17	83	17	0	50	50	0	33	67	0
东部型La Niña次年	87	0	13	38	49	13	38	62	0	63	37	0
中部型La Niña次年	50	50	0	50	50	0	50	25	25	50	50	0
气候态	54	42	4	49	41	10	41	47	12	48	46	6

③夏季在中部型El Niño次年偏暖(正异常)年份占比比气候态多20个百分点

以上。

　　④冬季在中部型 El Niño 次年偏冷(负异常)年份占比比气候态多 20 个百分点以上。

　　总而言之,道真自治县在两类 ENSO 次年绝大多数季节气温均有不同程度异常,其绝对值大小在 0.4℃ 以内;夏季在两类 El Niño 次年异常明显相反,表明赤道中、东太平洋海面温度异常(SSTA)暖中心东、中部位置差异,对夏季气温有反向影响;两类 ENSO 次年各季气温异常年份占比与气候态均有不同程度差异;春季在东部型 La Niña 次年出现偏暖(正异常)的概率较大;夏季在中部型 El Niño 次年出现偏暖(正异常)的概率较大;冬季在中部型 El Niño 次年出现偏冷(负异常)的概率较大。

　　(4)凤冈县

　　表 4.37 是凤冈县两类 ENSO 次年春、夏、秋、冬各季平均的气温异常,主要有以下特点。

　　①春季在东部型 El Niño 次年、东部型 La Niña 次年、中部型 La Niña 次年正异常,说明东部型 El Niño 次年、东部型 La Niña 次年、中部型 La Niña 次年春季往往气温偏高;中部型 El Niño 次年负异常,说明中部型 El Niño 次年往往气温偏低。

　　②夏季在东部型 El Niño 次年往往气温正常;中部型 El Niño 次年、东部型 La Niña 次年、中部型 La Niña 次年正异常,说明中部型 El Niño 次年、东部型 La Niña 次年、中部型 La Niña 次年往往气温偏高。

　　③秋季在东部型 El Niño 次年、东部型 La Niña 次年负异常,说明东部型 El Niño 次年、东部型 La Niña 次年秋季往往气温偏低;中部型 El Niño 次年正异常,说明中部型 El Niño 次年秋季往往气温偏高;中部型 La Niña 次年冬季往往气温正常。

　　④冬季在东部型 El Niño 次年、东部型 La Niña 次年、中部型 La Niña 次年正异常,说明东部型 El Niño 次年、东部型 La Niña 次年、中部型 La Niña 次年冬季往往气温偏高;中部型 El Niño 次年负异常,说明中部型 El Niño 次年冬季往往气温偏低。

表 4.37　凤冈县两类 ENSO 次年各季平均的气温异常(单位:℃)

	春季	夏季	秋季	冬季
东部型 El Niño 次年/中部型 El Niño 次年	0.2/−0.2	0.0/0.1	−0.2/0.1	0.1/−0.5
东部型 La Niña 次年/中部型 La Niña 次年	0.4/0.3	0.1/0.4	−0.1/0.0	0.3/0.2

　　表 4.38 是凤冈县两类 ENSO 次年各季气温异常年份占比(%)及其气候态,不难看出以下特点。

　　①两类 ENSO 次年各季气温异常年份占比与气候态均有不同程度差异。

　　②春季在东部型 La Niña 次年、中部型 La Niña 次年偏暖(正异常)年份占比比气候态多 20 个百分点以上。

表 4.38　凤冈县两类 ENSO 次年各季气温异常(>0,<0)年份占比(%)及其气候态

	春季			夏季			秋季			冬季		
	>0	<0	=0	>0	<0	=0	>0	<0	=0	>0	<0	=0
东部型 El Niño 次年	64	36	0	45	55	0	27	64	9	27	64	9
中部型 El Niño 次年	33	50	17	67	33	0	50	50	0	33	67	0
东部型 La Niña 次年	87	0	13	50	50	0	38	62	0	62	25	13
中部型 La Niña 次年	75	25	0	50	50	0	50	25	25	50	25	25
气候态	55	37	8	53	43	4	45	47	8	44	50	6

　　总而言之,凤冈县在两类 ENSO 次年绝大多数季节气温均有不同程度异常,其绝对值大小在 0.5℃ 以内;春季、秋季、冬季在两类 El Niño 次年异常明显相反,表明赤道中、东太平洋海面温度异常(SSTA)暖中心东、中部位置差异,对春季、秋季、冬季气温异常有反向影响;两类 ENSO 次年各季气温异常年份占比与气候态均有不同程度差异;春季在东部型 La Niña 次年、中部型 La Niña 次年出现偏暖(正异常)的概率较大。

　　(5)湄潭县

　　表 4.39 是湄潭县两类 ENSO 次年春、夏、秋、冬各季平均的气温异常,主要有以下特点。

　　①春季在东部型 El Niño 次年往往气温正常;在中部型 El Niño 次年负异常,说明中部型 El Niño 次年春季往往气温偏低;在东部型 La Niña 次年、中部型 La Niña 次年正异常,说明东部型 La Niña 次年、中部型 La Niña 次年春季往往气温偏高。

　　②夏季在东部型 El Niño 次年、东部型 La Niña 次年负异常,说明东部型 El Niño 次年、东部型 La Niña 次年夏季往往气温偏低;在中部型 El Niño 次年、中部型 La Niña 次年正异常,说明中部型 El Niño 次年、中部型 La Niña 次年夏季往往气温偏高。

　　③秋季在东部型 El Niño 次年、东部型 La Niña 次年负异常,说明东部型 El Niño 次年、东部型 La Niña 次年秋季往往气温偏低;在中部型 El Niño 次年正异常,说明中部型 El Niño 次年秋季往往气温偏高;在中部型 La Niña 次年秋季往往气温正常。

表 4.39　湄潭县两类 ENSO 次年各季平均的气温异常(单位:℃)

	春季	夏季	秋季	冬季
东部型 El Niño 次年/中部型 El Niño 次年	0.0/−0.1	−0.1/0.2	−0.3/0.2	0.0/−0.5
东部型 La Niña 次年/中部型 La Niña 次年	0.4/0.3	−0.1/0.3	−0.1/0.0	0.2/0.2

　　④冬季在东部型 El Niño 次年往往气温正常;在中部型 El Niño 次年负异常,说

明中部型 El Niño 次年冬季往往气温偏低；在东部型 La Niña 次年、中部型 La Niña 次年正异常，说明东部型 La Niña 次年、中部型 La Niña 次年冬季往往气温偏高。

表 4.40 是两类 ENSO 次年各季气温异常年份占比(%)及其气候态，不难看出以下特点。

①两类 ENSO 次年各季气温异常年份占比与气候态均有不同程度差异。

②春季在东部型 La Niña 次年偏暖(正异常)年份占比比气候态多 20 个百分点以上。

③冬季在东部型 La Niña 次年、中部型 La Niña 次年偏暖(正异常)年份占比比气候态多 20 个百分点以上。

表 4.40　湄潭县两类 ENSO 次年各季气温异常(>0,<0)年份占比(%)及其气候态

	春季			夏季			秋季			冬季		
	>0	<0	=0	>0	<0	=0	>0	<0	=0	>0	<0	=0
东部型 El Niño 次年	64	36	0	45	55	0	36	64	0	27	64	9
中部型 El Niño 次年	33	50	17	33	50	17	50	50	0	33	67	0
东部型 La Niña 次年	100	0	0	25	62	13	38	62	0	63	37	0
中部型 La Niña 次年	75	25	0	50	50	0	50	50	0	75	25	0
气候态	57	39	4	43	53	4	41	57	2	39	53	8

总而言之，湄潭县在两类 ENSO 次年绝大多数季节气温均有不同程度异常，其绝对值大小在 0.5℃ 以内；夏季、秋季在两类 El Niño 次年异常明显相反，表明赤道中、东太平洋海面温度异常(SSTA)暖中心东、中部位置差异，对夏季、秋季气温异常有反向影响；夏季两类 La Niña 次年异常明显相反，表明中、东太平洋海面温度异常(SSTA)冷中心东、中部位置差异，对夏季气温异常有反向影响；两类 ENSO 次年各季气温异常年份占比与气候态均有不同程度差异；春季在东部型 La Niña 次年出现偏暖(正异常)的概率较大；冬季在东部型 La Niña 次年、中部型 La Niña 次年出现偏暖(正异常)的概率较大。

(6)仁怀市

表 4.41 是仁怀市两类 ENSO 次年春、夏、秋、冬各季平均的气温异常，主要有以下特点。

①春季在东部型 El Niño 次年、东部型 La Niña 次年、中部型 La Niña 次年正异常，说明东部型 El Niño 次年、东部型 La Niña 次年、中部型 La Niña 次年春季往往气温偏高；中部型 El Niño 次年负异常，说明中部型 El Niño 次年春季往往气温偏低。

②夏季在两类 ENSO 次年正异常，说明两类 ENSO 次年夏季往往气温偏高。

③秋季在两类 ENSO 次年正异常，说明两类 ENSO 次年秋季往往气温偏高。

④冬季在东部型 El Niño 次年、东部型 La Niña 次年、中部型 La Niña 次年正异

常,说明东部型 El Niño 次年、东部型 La Niña 次年、中部型 La Niña 次年冬季往往气温偏高;中部型 El Niño 次年负异常,说明中部型 El Niño 次年冬季往往气温偏低。

表 4.41　仁怀市两类 ENSO 次年各季平均的气温异常(单位:℃)

	春季	夏季	秋季	冬季
东部型 El Niño 次年/中部型 El Niño 次年	0.5/−0.2	0.2/0.3	0.2/0.1	0.4/−0.5
东部型 La Niña 次年/中部型 La Niña 次年	0.6/0.5	0.1/0.5	0.1/0.3	0.6/0.4

表 4.42 是仁怀市两类 ENSO 次年各季气温异常年份占比(%)及其气候态,不难看出以下特点。

①两类 ENSO 次年各季气温异常年份占比与气候态均有不同程度差异。

②夏季在中部型 El Niño 次年偏暖(正异常)年份占比比气候态多 20 个百分点以上;在东部型 La Niña 次年、中部型 La Niña 次年偏冷(负异常)年份占比比气候态多 20 个百分点以上。

③秋季在中部型 El Niño 次年偏冷(负异常)年份占比比气候态多 20 个百分点以上,在中部型 La Niña 次年偏暖(正异常)年份占比比气候态多 20 个百分点以上。

④冬季在东部型 La Niña 次年、中部型 La Niña 次年偏暖(正异常)年份占比比气候态多 20 个百分点以上;在中部型 El Niño 次年偏冷(负异常)年份占比比气候态多 20 个百分点以上。

表 4.42　仁怀市两类 ENSO 次年各季气温异常(>0,<0)年份占比(%)及其气候态

	春季			夏季			秋季			冬季		
	>0	<0	=0	>0	<0	=0	>0	<0	=0	>0	<0	=0
东部型 El Niño 次年	73	27	0	55	45	0	45	55	0	46	45	9
中部型 El Niño 次年	50	50	0	83	17	0	33	67	0	33	67	0
东部型 La Niña 次年	75	12	13	38	62	0	63	37	0	75	25	0
中部型 La Niña 次年	50	25	25	50	50	0	75	25	0	75	25	0
气候态	62	32	6	55	39	6	51	41	8	51	47	2

总而言之,仁怀市在两类 ENSO 次年春、夏、秋、冬各季气温均有不同程度异常,其绝对值大小在 0.6℃ 以内;春季、冬季在两类中部型 El Niño 次年异常明显相反,表明赤道中、东太平洋海面温度异常(SSTA)暖中心东、中部位置差异,对春季、冬季气温有反向影响;两类 ENSO 次年各季气温异常年份占比与气候态均有不同程度差异;夏季在中部型 El Niño 次年出现偏暖(正异常)的概率较大,在东部型 La Niña 次年、中部型 La Niña 次年出现偏冷(负异常)的概率较大;秋季在中部型 La Niña 次年出现偏暖(正异常)的概率较大,在中部型 El Niño 次年出现偏冷(负异常)的概率较大;冬季在东部型 La Niña 次年、中部型 La Niña 次年出现偏暖(正异常)的概率较

大,在中部型 El Niño 次年出现偏冷(负异常)的概率较大。

(7)绥阳县

表 4.43 是绥阳县两类 ENSO 次年春、夏、秋、冬各季平均的气温异常,主要有以下特点。

①春季在东部型 El Niño 次年、东部型 La Niña 次年、中部型 La Niña 次年正异常,说明东部型 El Niño 次年、东部型 La Niña 次年、中部型 La Niña 次年春季往往气温偏高;而在中部型 El Niño 次年春季往往气温正常。

②夏季在东部型 El Niño 次年、东部型 La Niña 次年往往气温正常;而在中部型 El Niño 次年、中部型 La Niña 次年正异常,说明中部型 El Niño 次年、中部型 La Niña 次年夏季往往气温偏高。

③秋季在东部型 El Niño 次年负异常,说明东部型 El Niño 次年往往气温偏低;在中部型 El Niño 次年正异常,说明中部型 El Niño 次年秋季往往气温偏高;东部型 La Niña 次年、中部型 La Niña 次年秋季往往气温正常。

④冬季在东部型 El Niño 次年往往气温正常;在中部型 El Niño 次年负异常,说明中部型 El Niño 次年冬季往往气温偏低;在东部型 La Niña 次年、中部型 La Niña 次年正异常,说明东部型 La Niña 次年、中部型 La Niña 次年冬季往往气温偏高。

表 4.43　绥阳县两类 ENSO 次年各季平均的气温异常(单位:℃)

绥阳	春季	夏季	秋季	冬季
东部型 El Niño 次年/中部型 El Niño 次年	0.2/0.0	0.0/0.3	−0.1/0.1	0.0/−0.4
东部型 La Niña 次年/中部型 La Niña 次年	0.5/0.5	0.0/0.5	0.0/0.0	0.2/0.3

表 4.44 是绥阳县两类 ENSO 次年各季气温异常年份占比(%)及其气候态,不难看出以下特点。

①两类 ENSO 次年各季气温异常年份占比与气候态均有不同程度差异。

②春季在东部型 La Niña 次年偏暖(正异常)年份占比比气候态多 20 个百分点以上。

表 4.44　绥阳县两类 ENSO 次年各季气温异常(>0,<0)年份占比(%)及其气候态

	春季			夏季			秋季			冬季		
	>0	<0	=0	>0	<0	=0	>0	<0	=0	>0	<0	=0
东部型 El Niño 次年	64	36	0	45	55	0	37	54	9	36	55	9
中部型 El Niño 次年	50	50	0	83	17	0	50	50	0	33	67	0
东部型 La Niña 次年	87	0	13	38	62	0	50	50	0	63	24	13
中部型 La Niña 次年	75	25	0	50	50	0	50	25	25	75	25	0
气候态	58	38	4	50	50	0	53	41	6	42	50	8

③夏季在中部型 El Niño 次年偏暖(正异常)年份占比比气候态多 20 个百分点以上。

④冬季在东部型 La Niña 次年、中部型 La Niña 次年偏暖(正异常)年份占比比气候态多 20 个百分点以上。

总而言之,绥阳县在两类 ENSO 次年绝大多数季节气温均有不同程度异常,其绝对值大小在 0.5℃以内;秋季在两类 El Niño 次年异常明显相反,表明赤道中、东太平洋海面温度异常(SSTA)暖中心东、中部位置差异,对秋季气温有反向影响;两类 ENSO 次年各季气温异常年份占比与气候态均有不同程度差异;春季在东部型 La Niña 次年出现偏暖(正异常)的概率较大;夏季在中部型 El Niño 次年出现偏暖(正异常)的概率较大;冬季在东部型 La Niña 次年、中部型 La Niña 次年出现偏暖(正异常)的概率较大。

(8)桐梓县

表 4.45 是桐梓县两类 ENSO 次年各季平均的气温异常,主要有以下特点。

①春季在东部型 El Niño 次年、东部型 La Niña 次年、中部型 La Niña 次年正异常,说明东部型 El Niño 次年、东部型 La Niña 次年、中部型 La Niña 次年春季往往气温偏高;在中部型 El Niño 次年负异常,说明中部型 El Niño 次年春季往往气温偏低。

②夏季在东部型 El Niño 次年负异常,说明东部型 El Niño 次年往往气温偏低;在中部型 El Niño 次年、中部型 La Niña 次年正异常,说明中部型 El Niño 次年、中部型 La Niña 次年夏季往往气温偏高;在东部型 La Niña 次年夏季气温往往正常。

③秋季在两类 ENSO 次年均负异常,说明两类 ENSO 次年秋季往往气温偏低。

④冬季在东部型 El Niño 次年往往气温正常;在中部型 El Niño 次年负异常,说明东部型 El Niño 次年冬季往往气温偏低;在东部型 La Niña 次年、中部型 La Niña 次年正异常,说明东部型 La Niña 次年、中部型 La Niña 次年冬季往往气温偏高。

表 4.45   桐梓县两类 ENSO 次年各季平均的气温异常(单位:℃)

	春季	夏季	秋季	冬季
东部型 El Niño 次年/中部型 El Niño 次年	0.2/−0.2	−0.1/0.3	−0.2/−0.1	0.0/−0.5
东部型 La Niña 次年/中部型 La Niña 次年	0.4/0.5	0.0/0.5	−0.1/−0.1	0.2/0.3

表 4.46 是桐梓县两类 ENSO 次年各季气温异常年份占比(%)及其气候态,不难看出以下特点。

①两类 ENSO 次年各季气温异常年份占比与气候态均有不同程度差异。

②春季在东部型 La Niña 次年、中部型 La Niña 次年偏暖(正异常)年份占比比气候态多 20 个百分点以上。

③夏季在中部型 El Niño 次年偏暖(正异常)年份占比比气候态多 20 个百分点以上。

④冬季在中部型 La Niña 次年偏暖（正异常）年份占比比气候态多 20 个百分点以上。

表 4.46　桐梓县两类 ENSO 次年各季气温异常（＞0,＜0）年份占比（％）及其气候态

	春季			夏季			秋季			冬季		
	＞0	＜0	＝0	＞0	＜0	＝0	＞0	＜0	＝0	＞0	＜0	＝0
东部型 El Niño 次年	64	36	0	45	55	0	36	64	0	46	45	9
中部型 El Niño 次年	33	50	17	83	17	0	33	67	0	33	67	0
东部型 La Niña 次年	75	0	25	38	62	0	50	50	0	63	37	0
中部型 La Niña 次年	75	25	0	50	50	0	50	50	0	75	25	0
气候态	47	43	10	47	53	0	46	52	2	45	53	2

总而言之,桐梓县在两类 ENSO 次年绝大多数季节气温均有不同程度异常,其绝对值大小在 0.5℃ 以内;两类 El Niño 次年春季、夏季异常明显相反,表明赤道中、东太平洋海面温度异常（SSTA）暖中心东、中部位置差异,对春季、夏季气温有反向影响;两类 ENSO 次年各季气温异常年份占比与气候态均有不同程度差异;春季在东部型 La Niña 次年、中部型 La Niña 次年出现偏暖（正异常）的概率较大;夏季在中部型 El Niño 次年出现偏暖（正异常）的概率较大;冬季在中部型 La Niña 次年出现偏暖（正异常）的概率较大。

（9）务川自治县

表 4.47 是务川自治县两类 ENSO 次年春、夏、秋、冬各季平均的气温异常,主要有以下特点。

①春季在东部型 El Niño 次年、东部型 La Niña 次年、中部型 La Niña 次年正异常,说明东部型 El Niño 次年、东部型 La Niña 次年、中部型 La Niña 次年春季往往气温偏高;中部型 El Niño 次年负异常,说明中部型 El Niño 次年春季往往气温偏低。

②夏季在东部型 El Niño 次年负异常,说明东部型 El Niño 次年夏季往往气温偏低;在中部型 El Niño 次年、东部型 La Niña 次年、中部型 La Niña 次年正异常,说明中部型 El Niño 次年、东部型 La Niña 次年、中部型 La Niña 次年夏季往往气温偏高。

③秋季在东部型 El Niño 次年、东部型 La Niña 次年负异常,说明东部型 El Niño 次年、东部型 La Niña 次年秋季往往气温偏低;在中部型 El Niño 次年往往正常;在中部型 La Niña 次年正异常,说明中部型 La Niña 次年冬季往往气温偏高。

表 4.47　务川自治县两类 ENSO 次年各季平均的气温异常（单位:℃）

	春季	夏季	秋季	冬季
东部型 El Niño 次年/中部型 El Niño 次年	0.1/−0.4	−0.1/0.3	−0.3/0.0	0.0/−0.5
东部型 La Niña 次年/中部型 La Niña 次年	0.4/0.2	0.1/0.5	−0.2/0.1	0.2/0.3

④冬季在东部型 El Niño 次年往往气温正常;在中部型 El Niño 次年负异常,说明中部型 El Niño 次年往往气温偏低;在东部型 La Niña 次年、中部型 La Niña 次年正异常,说明东部型 La Niña 次年、中部型 La Niña 次年往往气温偏高。

表 4.48 是两类 ENSO 次年各季气温异常年份占比(%)及其气候态,不难看出以下特点。

①两类 ENSO 次年各季气温异常年份占比与气候态均有不同程度差异。

②春季在东部型 La Niña 次年偏暖(正异常)年份占比比气候态多 20 个百分点以上;在中部型 El Niño 次年偏冷(负异常)年份占比比气候态多 20 个百分点以上。

③夏季在中部型 El Niño 次年偏暖(正异常)年份占比比气候态多 20 个百分点以上。

④冬季在东部型 La Niña 次年、中部型 La Niña 次年偏暖(正异常)年份占比比气候态多 20 个百分点以上。

表 4.48　务川自治县两类 ENSO 次年各季气温异常(＞0,＜0)年份占比(%)及其气候态

	春季			夏季			秋季			冬季		
	＞0	＜0	=0	＞0	＜0	=0	＞0	＜0	=0	＞0	＜0	=0
东部型 El Niño 次年	46	45	9	36	64	0	36	64	0	45	55	0
中部型 El Niño 次年	33	67	0	67	16	17	50	50	0	33	67	0
东部型 La Niña 次年	100	0	0	50	50	0	38	62	0	63	37	0
中部型 La Niña 次年	50	50	0	50	50	0	25	25	0	75	25	0
气候态	53	45	2	47	51	2	38	58	4	43	55	2

总而言之,务川自治县在两类 ENSO 次年绝大多数季节气温均有不同程度异常,其绝对值大小在 0.5℃以内;春季、夏季在两类 El Niño 次年异常明显相反,表明赤道中、东太平洋海面温度异常(SSTA)暖中心东、中部位置差异,对春季、夏季气温异常有反向影响;秋季在两类 La Niña 次年异常明显相反,表明中、东太平洋海面温度异常(SSTA)冷中心东、中部位置差异,对秋季气温异常有反向影响;两类 ENSO 次年各季气温异常年份占比与气候态均有不同程度差异;春季在东部型 La Niña 次年出现偏暖(正异常)的概率较大,在中部型 El Niño 次年出现偏冷(负异常)的概率较大;夏季在中部型 El Niño 次年出现偏暖(正异常)的概率较大;冬季在东部型 La Niña 次年、中部型 La Niña 次年出现偏暖(正异常)的概率较大。

(10)习水县

表 4.49 是习水县两类 ENSO 次年春、夏、秋、冬各季平均的气温异常,主要有以下特点。

①春季在东部型 El Niño 次年、东部型 La Niña 次年、中部型 La Niña 次年正异常,说明东部型 El Niño 次年、东部型 La Niña 次年、中部型 La Niña 次年春季往往气

温偏高；在中部型 El Niño 次年负异常，说明中部型 El Niño 次年春季往往气温偏低。

②夏季在东部型 El Niño 次年负异常，说明东部型 El Niño 次年往往气温偏低；在中部型 El Niño 次年、中部型 La Niña 次年正异常，说明中部型 El Niño 次年、中部型 La Niña 次年夏季往往气温偏高；在东部型 La Niña 次年夏季往往气温正常。

③秋季在东部型 El Niño 次年、东部型 La Niña 次年负异常，说明东部型 El Niño 次年、东部型 La Niña 次年秋季往往气温偏低；在中部型 El Niño 次年、中部型 La Niña 次年正异常，说明中部型 El Niño 次年、中部型 La Niña 次年秋季往往气温偏高。

④冬季在东部型 El Niño 次年往往气温正常；在中部型 El Niño 次年负异常，说明中部型 El Niño 次年往往气温偏低；在东部型 La Niña 次年、中部型 La Niña 次年正异常，说明东部型 La Niña 次年、中部型 La Niña 次年冬季往往气温偏高。

表 4.49　习水县两类 ENSO 次年各季平均的气温异常(单位：℃)

	春季	夏季	秋季	冬季
东部型 El Niño 次年/中部型 El Niño 次年	0.1/−0.2	−0.1/0.4	−0.1/0.1	0.0/−0.3
东部型 La Niña 次年/中部型 La Niña 次年	0.4/0.6	0.0/0.6	−0.1/0.2	0.3/0.3

表 4.50 是习水县两类 ENSO 次年各季气温异常年份占比(%)及其气候态，不难看出以下特点。

①两类 ENSO 次年各季气温异常年份占比与气候态均有不同程度差异。

②春季在东部型 La Niña 次年偏暖(正异常)年份占比比气候态多 20 个百分点以上。

③夏季在中部型 El Niño 次年偏暖(正异常)年份占比比气候态多 20 个百分点以上。

④秋季在中部型 La Niña 次年偏暖(正异常)年份占比比气候态多 20 个百分点以上。

⑤冬季在中部型 La Niña 次年偏暖(正异常)年份占比比气候态多 20 个百分点以上。

表 4.50　习水县两类 ENSO 次年各季气温异常(>0,<0)年份占比(%)及其气候态

	春季			夏季			秋季			冬季		
	>0	<0	=0	>0	<0	=0	>0	<0	=0	>0	<0	=0
东部型 El Niño 次年	55	45	0	45	55	0	27	64	9	45	55	0
中部型 El Niño 次年	50	50	0	83	17	0	33	67	0	33	67	0
东部型 La Niña 次年	75	25	0	50	37	13	50	50	0	63	37	0
中部型 La Niña 次年	50	50	0	50	50	0	75	25	0	75	25	0
气候态	55	43	2	52	48	0	41	53	6	45	53	2

总而言之,习水县在两类 ENSO 次年绝大多数季节气温均有不同程度异常,其绝对值大小在 0.6℃以内;春季、夏季、秋季在两类 El Niño 次年异常明显相反,表明赤道中、东太平洋海面温度异常(SSTA)暖中心东、中部位置差异,对春季、夏季、秋季气温异常有反向影响;秋季在两类 La Niña 次年异常明显相反,表明中、东太平洋海面温度异常(SSTA)冷中心东、中部位置差异,对秋季气温异常有反向影响;两类 ENSO 次年各季气温异常年份占比与气候态均有不同程度差异;春季在东部型 La Niña 次年出现偏暖(正异常)的概率较大;夏季在中部型 El Niño 次年出现偏暖(正异常)的概率较大;秋季在中部型 La Niña 次年出现偏暖(正异常)的概率较大;冬季在中部型 La Niña 次年出现偏暖(正异常)的概率较大。

(11)余庆县

表 4.51 是余庆县两类 ENSO 次年春、夏、秋、冬各季平均的气温异常,主要有以下特点。

①春季在东部型 El Niño 次年、东部型 La Niña 次年、中部型 La Niña 次年正异常,说明东部型 El Niño 次年、东部型 La Niña 次年、中部型 La Niña 次年春季往往气温偏高;在中部型 El Niño 次年负异常,说明中部型 El Niño 次年春季往往气温偏低。

②夏季在东部型 El Niño 次年、中部型 El Niño 次年、中部型 La Niña 次年正异常,说明东部型 El Niño 次年、中部型 El Niño 次年、中部型 La Niña 次年往往气温偏高;在东部型 La Niña 次年夏季往往气温正常。

③秋季在东部型 El Niño 次年、中部型 La Niña 次年往往气温正常;在中部型 El Niño 次年、东部型 La Niña 次年正异常,说明中部型 El Niño 次年、东部型 La Niña 次年秋季往往气温偏高。

④冬季在东部型 El Niño 次年、东部型 La Niña 次年、中部型 La Niña 次年正异常,说明东部型 El Niño 次年、东部型 La Niña 次年、中部型 La Niña 次年冬季往往气温偏高;在中部型 El Niño 次年负异常,说明中部型 El Niño 次年冬季往往气温偏低。

表 4.51　余庆县两类 ENSO 次年各季平均的气温异常(单位:℃)

	春季	夏季	秋季	冬季
东部型 El Niño 次年/中部型 El Niño 次年	0.3/−0.1	0.1/0.2	0.0/0.1	0.2/−0.5
东部型 La Niña 次年/中部型 La Niña 次年	0.5/0.7	0.0/0.4	0.1/0.0	0.4/0.3

表 4.52 是余庆县两类 ENSO 次年各季气温异常年份占比(%)及其气候态,不难看出以下特点。

①两类 ENSO 次年各季气温异常年份占比与气候态均有不同程度差异。

②夏季在中部型 El Niño 次年偏暖(正异常)年份占比比气候态多 20 个百分点以上。

③秋季在中部型 La Niña 次年偏暖(正异常)年份占比比气候态多 20 个百分点

以上。

④冬季在中部型 La Niña 次年偏暖(正异常)年份占比比气候态多 20 个百分点以上。

表 4.52　余庆县两类 ENSO 次年各季气温异常(>0,<0)年份占比(%)及其气候态

	春季			夏季			秋季			冬季		
	>0	<0	=0	>0	<0	=0	>0	<0	=0	>0	<0	=0
东部型 El Niño 次年	64	36	0	45	55	0	45	55	0	55	45	0
中部型 El Niño 次年	50	50	0	83	17	0	50	50	0	33	67	0
东部型 La Niña 次年	75	12	13	50	50	0	63	37	0	63	37	0
中部型 La Niña 次年	75	0	25	50	50	0	75	25	0	75	25	0
气候态	58	36	6	57	43	0	53	45	2	48	50	2

总而言之,余庆县在两类 ENSO 次年绝大多数季节气温均有不同程度异常,其绝对值大小在 0.7℃以内;春季、冬季在两类 El Niño 次年异常明显相反,表明赤道中、东太平洋海面温度异常(SSTA)暖中心东、中部位置差异,对春季、冬季气温异常有反向影响;两类 ENSO 次年各季气温异常年份占比与气候态均有不同程度差异;夏季在中部型 El Niño 次年出现偏暖(正异常)的概率较大;秋季在中部型 La Niña 次年出现偏暖(正异常)的概率较大;冬季在中部型 La Niña 次年出现偏暖(正异常)的概率较大。

(12)正安县

表 4.53 是正安县两类 ENSO 次年春、夏、秋、冬各季平均的气温异常,主要有以下特点。

①春季在东部型 El Niño 次年往往气温正常;在中部型 El Niño 次年负异常,说明中部型 El Niño 次年春季往往气温偏低。

②夏季在东部型 El Niño 次年负异常,说明东部型 El Niño 次年往往气温偏低;在中部型 El Niño 次年、东部型 La Niña 次年、中部型 La Niña 次年正异常,说明中部型 El Niño 次年、东部型 La Niña 次年、中部型 La Niña 次年夏季往往气温偏高。

③秋季在东部型 El Niño 次年、东部型 La Niña 次年、中部型 La Niña 次年负异常,说明东部型 El Niño 次年、东部型 La Niña 次年、中部型 La Niña 次年往往气温偏低;在中部型 El Niño 次年正异常,说明中部型 El Niño 次年秋季往往气温偏高。

表 4.53　正安县两类 ENSO 次年各季平均的气温异常(单位:℃)

	春季	夏季	秋季	冬季
东部型 El Niño 次年/中部型 El Niño 次年	0.0/−0.1	−0.2/0.4	−0.2/0.1	0.0/−0.5
东部型 La Niña 次年/中部型 La Niña 次年	0.4/0.3	0.1/0.6	−0.1/−0.2	0.2/0.3

④冬季在东部型 El Niño 次年往往气温正常；在中部型 El Niño 次年负异常，说明中部型 El Niño 次年冬季往往气温偏低；在东部型 La Niña 次年、中部型 La Niña 次年正异常，说明东部型 La Niña 次年、中部型 La Niña 次年冬季往往气温偏高。

表 4.54 是正安县两类 ENSO 次年各季气温异常年份占比（%）及其气候态，不难看出以下特点。

①两类 ENSO 次年各季气温异常年份占比与气候态均有不同程度差异。

②春季在东部型 La Niña 次年偏暖（正异常）年份占比比气候态多 20 个百分点以上。

③夏季在中部型 El Niño 次年偏暖（正异常）年份占比比气候态多 20 个百分点以上。

④秋季在中部型 La Niña 次年偏冷（负异常）年份占比比气候态多 20 个百分点以上。

⑤冬季在东部型 La Niña 次年偏暖（正异常）年份占比比气候态多 20 个百分点以上。

表 4.54　正安县两类 ENSO 次年各季气温异常（＞0，＜0）年份占比（%）及其气候态

	春季			夏季			秋季			冬季		
	＞0	＜0	=0	＞0	＜0	=0	＞0	＜0	=0	＞0	＜0	=0
东部型 El Niño 次年	55	45	0	36	55	9	36	55	9	36	55	9
中部型 El Niño 次年	33	50	17	67	16	17	33	67	0	33	67	0
东部型 La Niña 次年	87	0	13	38	62	0	50	50	0	63	37	0
中部型 La Niña 次年	50	50	0	50	50	0	25	75	0	50	25	25
气候态	55	41	4	41	51	8	39	49	12	43	53	4

总而言之，正安县在两类 ENSO 次年绝大多数季节气温均有不同程度异常，其绝对值大小在 0.6℃ 以内；夏季、秋季在两类 El Niño 次年异常明显相反，表明赤道中、东太平洋海面温度异常（SSTA）暖中心东、中部位置差异，对夏季、秋季气温异常有反向影响；两类 ENSO 次年各季气温异常年份占比与气候态均有不同程度差异；春季在东部型 La Niña 次年出现偏暖（正异常）的概率较大；夏季在中部型 El Niño 次年出现偏暖（正异常）的概率较大；秋季在中部型 La Niña 次年出现偏冷（负异常）的概率较大；冬季在东部型 La Niña 次年出现偏暖（正异常）的概率较大。

（13）汇川区

表 4.55 是汇川区两类 ENSO 次年春、夏、秋、冬各季平均的气温异常，主要有以下特点。

①春季在东部型 El Niño 次年往往气温正常；在中部型 El Niño 次年负异常，说明中部型 El Niño 次年春季往往气温偏低；在东部型 La Niña 次年、中部型 La Niña

次年正异常,说明东部型 La Niña 次年、中部型 La Niña 次年往往气温偏高。

②夏季在东部型 El Niño 次年、东部型 La Niña 次年负异常,说明东部型 El Niño 次年、东部型 La Niña 次年夏季往往气温偏低;在中部型 El Niño 次年、中部型 La Niña 次年正异常,说明中部型 El Niño 次年、中部型 La Niña 次年夏季往往气温偏高。

③秋季在东部型 El Niño 次年、东部型 La Niña 次年负异常,说明东部型 El Niño 次年、东部型 La Niña 次年秋季往往气温偏低;在中部型 El Niño 次年正异常,说明中部型 El Niño 次年秋季往往气温偏高;在中部型 La Niña 次年秋季往往气温正常。

④冬季在东部型 El Niño 次年、中部型 El Niño 次年负异常,说明东部型 El Niño 次年、中部型 El Niño 次年往往气温偏低;在东部型 La Niña 次年、中部型 La Niña 次年正异常,说明东部型 La Niña 次年、中部型 La Niña 次年冬季往往气温偏高。

表 4.55　汇川区两类 ENSO 次年各季平均的气温异常(单位:℃)

	春季	夏季	秋季	冬季
东部型 El Niño 次年/中部型 El Niño 次年	0.0/−0.2	−0.2/0.2	−0.3/0.1	−0.1/−0.5
东部型 La Niña 次年/中部型 La Niña 次年	0.4/0.4	−0.1/0.3	−0.1/0.0	0.2/0.3

表 4.56 是汇川区两类 ENSO 次年各季气温异常年份占比(%)及其气候态,不难看出以下特点。

①两类 ENSO 次年各季气温异常年份占比与气候态均有不同程度差异。

②春季在东部型 La Niña 次年偏暖(正异常)年份占比比气候态多 20 个百分点以上,在中部型 El Niño 次年偏冷(负异常)年份占比比气候态多 20 个百分点以上。

③冬季在东部型 La Niña 次年、中部型 La Niña 次年偏暖(正异常)年份占比比气候态多 20 个百分点以上。

表 4.56　汇川区两类 ENSO 次年各季气温异常(>0,<0)年份占比(%)及其气候态

	春季			夏季			秋季			冬季		
	>0	<0	=0	>0	<0	=0	>0	<0	=0	>0	<0	=0
东部型 El Niño 次年	64	36	0	45	55	0	27	73	0	45	55	0
中部型 El Niño 次年	33	67	0	33	50	17	50	50	0	30	70	0
东部型 La Niña 次年	87	0	13	25	50	25	38	62	0	63	37	0
中部型 La Niña 次年	75	25	0	50	50	0	50	50	0	75	25	0
气候态	57	41	2	43	57	0	40	60	0	43	57	0

总而言之,汇川区在两类 ENSO 次年绝大多数季节气温均有不同程度异常,其绝对值大小在 0.5℃ 以内;夏季、秋季在两类 El Niño 次年异常明显相反,表明赤道

中、东太平洋海面温度异常（SSTA）暖中心东、中部位置差异，对夏季、秋季气温异常有反向影响；夏季在两类 La Niña 次年异常明显相反，表明中、东太平洋海面温度异常（SSTA）冷中心东、中部位置差异，对夏季气温异常有反向影响；两类 ENSO 次年各季气温异常年份占比与气候态均有不同程度差异；春季在东部型 La Niña 次年出现偏暖（正异常）的概率较大，在中部型 El Niño 次年出现偏冷（负异常）的概率较大；冬季在东部型 La Niña 次年、中部型 La Niña 次年出现偏暖（正异常）的概率较大。

第 5 章　遵义市降水与 ENSO

5.1　ENSO 年降水异常

5.1.1　遵义

表 5.1 是遵义整体区域两类 ENSO 年春季、夏季、秋季、冬季各季平均的降水异常,主要有以下特点。

①春季在东部型 El Niño 年负异常,说明东部型 El Niño 年春季往往降水偏少;而中部型 El Niño 年、东部型 La Niña 年、中部型 La Niña 年正异常,说明中部型 El Niño 年、东部型 La Niña 年、中部型 La Niña 年春季往往降水偏多。

②夏季东部型 El Niño 年、中部型 El Niño 年、中部型 La Niña 年负异常,说明东部型 El Niño 年、中部型 El Niño 年、中部型 La Niña 年夏季往往降水偏少;而东部型 La Niña 年正异常,说明东部型 La Niña 年夏季降水偏多。

③秋季在两类 ENSO 年正异常,说明秋季在两类 ENSO 年往往降水偏多。

④冬季在东部型 El Niño 年、中部型 El Niño 年、东部型 La Niña 年正异常,说明在东部型 El Niño 年、中部型 El Niño 年、东部型 La Niña 年冬季往往降水偏多;在中部型 La Niña 年负异常,说明中部型 La Niña 年冬季往往降水偏少。

表 5.1　遵义整体区域两类 ENSO 年各季平均的降水异常(单位:mm)

	春季	夏季	秋季	冬季
东部型 El Niño 年/中部型 El Niño 年	−1.8/30.8	−2.0/−8.9	5.5/11.1	2.6/1.6
东部型 La Niña 年/中部型 La Niña 年	9.0/17.8	14.2/−44.1	16.3/5.4	0.5/−5.3

表 5.2 是遵义整体区域两类 ENSO 年各季降水异常年份占比(％)及其气候态,不难看出以下特点。

①两类 ENSO 年各季降水异常年份占比与气候态均有不同程度差异。

②春季在中部型 El Niño 年偏多(正异常)年份占比比气候态多 20 个百分点以上。

③夏季在中部型 La Niña 年偏少(负异常)年份占比比气候态多 20 个百分点

以上。

表 5.2　遵义整体区域两类 ENSO 年各季降水异常(>0,<0)年份占比(%)及其气候态

	春季			夏季			秋季			冬季		
	>0	<0	=0	>0	<0	=0	>0	<0	=0	>0	<0	=0
东部型 El Niño 年	47	53	0	73	27	0	52	48	0	47	53	0
中部型 El Niño 年	78	22	0	44	56	0	56	44	0	44	56	0
东部型 La Niña 年	63	37	0	38	62	0	75	25	0	38	62	0
中部型 La Niña 年	53	47	0	25	75	0	50	50	0	50	50	0
气候态	50	50	0	57	43	0	47	53	0	37	63	0

　　总而言之,遵义整体区域在两类 ENSO 年绝大多数季节降水均有不同程度异常,其绝对值在 44.1 mm 以内;春季在两类 El Niño 年异常明显相反,表明赤道中、东太平洋海面温度异常(SSTA)暖中心东、中部位置差异,对春季降水有反向影响。夏季、冬季在两类 La Niña 年异常明显相反,表明赤道中、东太平洋海面温度异常(SSTA)冷中心东、中部位置差异,对夏季、冬季降水有反向影响;两类 ENSO 年各季降水异常年份占比与气候态有不同程度差异,但无论是偏多年份占比还是偏少年份占比都不是百分之百,说明 ENSO 不是导致降水异常的唯一原因;春季降水中部型 El Niño 年出现偏多(正异常)的概率较大;夏季降水在中部型 La Niña 年出现偏少(负异常)的概率较大;秋季降水在东部型 La Niña 年出现偏多(正异常)的概率较大。

5.1.2　各县(市、区)

(1)播州区

表 5.3 是播州区两类 ENSO 年春季、夏季、秋季、冬季各季平均的降水异常,主要有以下特点。

①春季在两类 ENSO 年正异常,说明两类 ENSO 年春季往往降水偏多。

②夏季在东部型 El Niño 年、中部型 El Niño 年、中部型 La Niña 年负异常,说明东部型 El Niño 年、中部型 El Niño 年、中部型 La Niña 年夏季往往降水偏少,而在东部型 La Niña 年正异常,说明东部型 La Niña 年夏季降水往往偏多。

③秋季在东部型 El Niño 年、中部型 El Niño 年负异常,说明东部型 El Niño 年、中部型 El Niño 年秋季往往降水偏少;而在东部型 La Niña 年、中部型 La Niña 年正异常,说明东部型 La Niña 年、中部型 La Niña 年秋季往往降水偏多。

④冬季在东部型 El Niño 年正异常,说明东部型 El Niño 年冬季往往降水偏多;而在中部型 El Niño 年、东部型 La Niña 年、中部型 La Niña 年负异常,说明中部型 El Niño 年、东部型 La Niña 年、中部型 La Niña 年冬季往往降水偏少。

表 5.3　播州区两类 ENSO 年各季平均的降水异常(单位:mm)

	春季	夏季	秋季	冬季
东部型 El Niño 年/中部型 El Niño 年	12.1/10.4	−1.5/−17.4	−10.0/−4.9	8.2/−1.5
东部型 La Niña 年/中部型 La Niña 年	38.5/7.5	38.9/−25.5	26.6/1.6	−1.6/−5.1

表 5.4 是播州区两类 ENSO 年各季降水异常年份占比(%)及其气候态,不难看出以下特点。

①两类 ENSO 年各季降水异常年份占比与气候态有不同程度差异。

②夏季在东部型 La Niña 年偏多(正异常)年份占比比气候态多 20 个百分点以上。

表 5.4　播州区两类 ENSO 年各季降水异常(>0,<0)年份占比(%)及其气候态

	春季			夏季			秋季			冬季		
	>0	<0	=0	>0	<0	=0	>0	<0	=0	>0	<0	=0
东部型 El Niño 年	60	40	0	53	47	0	33	67	0	53	47	0
中部型 El Niño 年	44	56	0	44	56	0	44	56	0	44	56	0
东部型 La Niña 年	63	37	0	75	25	0	63	37	0	50	50	0
中部型 La Niña 年	50	50	0	50	50	0	50	50	0	50	50	0
气候态	55	45	0	50	50	0	52	48	0	48	52	0

总而言之,播州区在两类 ENSO 年各季降水均有不同程度异常,其绝对值在 38.9 mm 以内;在两类 El Niño 年冬季异常明显相反,表明赤道中、东太平洋海面温度异常(SSTA)暖中心东、中部位置差异,对播州区冬季降水有反向影响;而两类 La Niña 年夏季异常明显相反,表明中、东太平洋海面温度异常(SSTA)冷中心东、中部位置差异,对播州区夏季降水有反向影响;两类 ENSO 年各季降水异常年份占比与气候态有不同程度差异,但无论是偏多年份占比还是偏少年份占比都不是百分之百,说明 ENSO 不是导致降水异常的唯一原因;夏季降水在东部型 La Niña 年出现偏多(正异常)的概率较大。

(2)赤水市

表 5.5 是赤水市两类 ENSO 年春季、夏季、秋季、冬季各季平均的降水异常,主要有以下特点。

①春季在东部型 El Niño 年、中部型 El Niño 年、中部型 La Niña 年负异常,说明东部型 El Niño 年、中部型 El Niño 年、中部型 La Niña 年春季往往降水偏少;而在东部型 La Niña 年正异常,说明东部型 La Niña 年春季往往降水偏多。

②夏季在东部型 El Niño 年、东部型 La Niña 年、中部型 La Niña 年负异常,说明东部型 El Niño 年、东部型 La Niña 年、中部型 La Niña 年夏季往往降水偏少;而在中

部型 El Niño 年正异常,说明中部型 El Niño 年夏季往往降水偏多。

③秋季在两类 ENSO 年正异常,说明两类 ENSO 年秋季往往降水偏多。

④冬季在两类 ENSO 年正异常,说明两类 ENSO 年冬季往往降水偏多。

表 5.5　赤水市两类 ENSO 年各季平均的降水异常(单位:mm)

	春季	夏季	秋季	冬季
东部型 El Niño 年/中部型 El Niño 年	−18.0/−8.7	−5.6/34.4	24.9/12.1	1.5/3.3
东部型 La Niña 年/中部型 La Niña 年	35.9/−11.9	−36.0/−121.9	9.7/34.5	3.9/11.7

表 5.6 是赤水市两类 ENSO 年各季降水异常年份占比(%)及其气候态,不难看出以下特点。

①两类 ENSO 年各季降水异常年份占比与气候态有不同程度差异。

②春季在东部型 La Niña 年偏多(正异常)年份占比比气候态多 20 个百分点以上。

③夏季在中部型 La Niña 年偏少(负异常)年份占比比气候态多 20 个百分点以上。

④秋季在中部型 La Niña 年偏多(正异常)年份占比比气候态多 20 个百分点以上。

表 5.6　赤水市两类 ENSO 年各季降水异常(>0,<0)年份占比(%)及其气候态

	春季			夏季			秋季			冬季		
	>0	<0	=0	>0	<0	=0	>0	<0	=0	>0	<0	=0
东部型 El Niño 年	40	60	0	40	60	0	60	40	0	47	53	0
中部型 El Niño 年	44	56	0	67	33	0	56	44	0	56	44	0
东部型 La Niña 年	75	25	0	50	50	0	63	37	0	63	37	0
中部型 La Niña 年	50	50	0	0	100	0	100	0	0	75	25	0
气候态	52	48	0	50	50	0	60	38	2	59	41	0

总而言之,赤水市在两类 ENSO 年各季降水均有不同程度异常,其绝对值在 121.9 mm 以内;夏季在两类 El Niño 年异常明显相反,表明赤道中、东太平洋海面温度异常(SSTA)暖中心东、中部位置差异,对赤水市冬季降水有反向影响;春季在两类 La Niña 年异常明显相反,表明中、东太平洋海面温度异常(SSTA)冷中心东、中部位置差异,对赤水市降水有反向影响;两类 ENSO 年各季降水异常年份占比与气候态有不同程度差异;春季降水在东部型 La Niña 年出现偏多(正异常)的概率较大,夏季降水在中部型 La Niña 年出现偏少(负异常)的概率较大,秋季降水在中部型 La Niña 年出现偏多(正异常)的概率较大。

(3)道真自治县

表 5.7 是道真自治县两类 ENSO 年春季、夏季、秋季、冬季各季平均的降水异常,主要有以下特点。

①春季在东部型 El Niño 年负异常,说明东部型 El Niño 年春季往往降水偏少;而中部型 El Niño 年、东部型 La Niña 年、中部型 La Niña 年正异常,说明中部型 El Niño 年、东部型 La Niña 年、中部型 La Niña 年春季往往降水偏多。

②夏季在东部型 El Niño 年、东部型 La Niña 年正异常,说明东部型 El Niño 年、东部型 La Niña 年夏季往往降水偏多;在中部型 El Niño 年、中部型 La Niña 年负异常,说明中部型 El Niño 年、中部型 La Niña 年夏季往往降水偏少。

③秋季在东部型 El Niño 年、中部型 El Niño 年、东部型 La Niña 年正异常,说明东部型 El Niño 年、中部型 El Niño 年、东部型 La Niña 年秋季往往降水偏多;而在中部型 La Niña 年负异常,说明中部型 La Niña 年秋季往往降水偏少。

④冬季在东部型 El Niño 年正异常,说明东部型 El Niño 年往往降水偏多;而在中部型 El Niño 年、东部型 La Niña 年、中部型 La Niña 年负异常,说明中部型 El Niño 年、东部型 La Niña 年、中部型 La Niña 年冬季往往降水偏少。

表 5.7　道真自治县两类 ENSO 年各季平均的降水异常(单位:mm)

	春季	夏季	秋季	冬季
东部型 El Niño 年/中部型 El Niño 年	−9.2/27.4	10.1/−29.1	5.4/11.0	2.1/−1.8
东部型 La Niña 年/中部型 La Niña 年	16.7/40.4	7.8/−28.7	30.0/−0.5	−7.3/−6.9

表 5.8 是道真自治县两类 ENSO 年各季降水异常年份占比(%)及其气候态,不难看出以下特点。

①两类 ENSO 年各季降水异常年份占比与气候态有不同程度差异。

②春季在中部型 La Niña 年偏多(正异常)年份占比比气候态多 20 个百分点以上。

③秋季在东部型 La Niña 年偏多(正异常)年份占比比气候态多 20 个百分点以上。

表 5.8　道真自治县两类 ENSO 年各季降水异常(>0,<0)年份占比(%)及其气候态

	春季			夏季			秋季			冬季		
	>0	<0	=0	>0	<0	=0	>0	<0	=0	>0	<0	=0
东部型 El Niño 年	40	60	0	53	47	0	47	53	0	47	53	0
中部型 El Niño 年	67	33	0	33	67	0	56	44	0	56	44	0
东部型 La Niña 年	63	37	0	38	62	0	88	12	0	25	75	0
中部型 La Niña 年	100	0	0	25	75	0	50	50	0	25	75	0
气候态	59	41	0	38	62	0	62	38	0	31	69	0

④冬季在中部型 El Niño 年偏多（正异常）年份占比比气候态多 20 个百分点以上。

总而言之，道真自治县在两类 ENSO 年各季降水均有不同程度异常，其绝对值在 40.4 mm 以内；两类 El Niño 年春季、夏季、冬季异常明显相反，表明赤道中、东太平洋海面温度异常（SSTA）暖中心东、中部位置差异，对道真自治县春季、夏季、冬季降水有反向影响；而两类 La Niña 年夏季、秋季异常明显相反，表明中、东太平洋海面温度异常（SSTA）冷中心东、中部位置差异，对道真自治县夏季、秋季降水有反向影响；两类 ENSO 年各季降水异常年份占比与气候态均有不同程度差异，但无论是偏多年份占比还是偏少年份占比都不是百分之百，说明 ENSO 不是导致降水异常的唯一原因；春季降水在中部型 La Niña 年出现偏多（正异常）的概率较大；秋季降水在东部型 La Niña 年出现偏多（正异常）的概率较大；冬季降水在中部型 El Niño 年出现偏多（正异常）的概率较大。

（4）凤冈县

表 5.9 是凤冈县两类 ENSO 年春季、夏季、秋季、冬季各季平均的降水异常，主要有以下特点。

①春季在东部型 El Niño 年、中部型 La Niña 年负异常，说明东部型 El Niño 年、中部型 La Niña 年春季往往降水偏少；而在中部型 El Niño 年、东部型 La Niña 年正异常，说明中部型 El Niño 年、东部型 La Niña 年春季往往降水偏多。

②夏季在东部型 El Niño 年、中部型 El Niño 年、东部型 La Niña 年正异常，说明东部型 El Niño 年、中部型 El Niño 年、东部型 La Niña 年夏季往往降水偏多；而在中部型 La Niña 年负异常，说明中部型 La Niña 年夏季往往降水偏少。

③秋季在东部型 El Niño 年、中部型 El Niño 年正异常，说明东部型 El Niño 年、中部型 El Niño 年秋季往往降水偏多；而在东部型 La Niña 年、中部型 La Niña 年负异常，说明东部型 La Niña 年、中部型 La Niña 年秋季往往降水偏少。

④冬季在东部型 El Niño 年、中部型 El Niño 年、东部型 La Niña 年正异常，说明东部型 El Niño 年、中部型 El Niño 年、东部型 La Niña 年冬季往往降水偏多；而在中部型 La Niña 年负异常，说明中部型 La Niña 年冬季往往降水偏少。

表 5.9　凤冈县两类 ENSO 年各季平均的降水异常（单位：mm）

	春季	夏季	秋季	冬季
东部型 El Niño 年/中部型 El Niño 年	−1.9/50.4	14.4/4.2	20.2/60.4	1.5/8.6
东部型 La Niña 年/中部型 La Niña 年	2.8/−3.5	2.9/−79.7	−46.3/−11.3	5.7/−6.1

表 5.10 是凤冈县两类 ENSO 年各季降水异常年份占比（%）及其气候态，不难看出以下特点。

①两类 ENSO 年各季降水异常年份占比与气候态均有不同程度差异。

②春季在中部型 El Niño 年偏多（正异常）年份占比比气候态多 20 个百分点以上。

③夏季在中部型 La Niña 年偏少（负异常）年份占比比气候态多 20 个百分点以上。

④秋季在东部型 La Niña 年偏少（负异常）年份占比比气候态多 20 个百分点以上。

表 5.10　凤冈县两类 ENSO 年各季降水异常（＞0,＜0）年份占比（%）及其气候态

	春季			夏季			秋季			冬季		
	＞0	＜0	=0	＞0	＜0	=0	＞0	＜0	=0	＞0	＜0	=0
东部型 El Niño 年	53	47	0	53	47	0	53	47	0	47	53	0
中部型 El Niño 年	89	11	0	44	56	0	67	33	0	44	56	0
东部型 La Niña 年	63	37	0	50	50	0	25	75	0	38	62	0
中部型 La Niña 年	75	25	0	0	100	0	50	50	0	25	75	0
气候态	62	38	0	43	57	0	55	45	0	36	64	0

总而言之，凤冈县在两类 ENSO 年各季降水均有不同程度异常，其绝对值在 60.4 mm 以内；春季在两类 El Niño 年异常明显相反，表明赤道中、东太平洋海面温度异常（SSTA）暖中心东、中部位置差异，对凤冈县春季降水有反向影响；而两类春季、夏季、冬季异常明显相反，表明中、东太平洋海面温度异常（SSTA）冷中心东、中部位置差异，对春季、夏季、冬季降水有反向影响；两类 ENSO 年各季降水异常年份占比与气候态均有不同程度差异，但无论是偏多年份占比还是偏少年份占比都不是百分之百，说明 ENSO 不是导致降水异常的唯一原因；春季降水在中部型 El Niño 年出现偏多（正异常）的概率较大；夏季降水在中部型 La Niña 年出现偏少（负异常）的概率较大，秋季降水在东部型 La Niña 年出现偏少（负异常）的概率较大。

（5）湄潭县

表 5.11 是湄潭县两类 ENSO 年春季、夏季、秋季、冬季各季平均的降水异常，主要有以下特点。

①春季在东部型 El Niño 年负异常，说明东部型 El Niño 年春季往往降水偏少；而在中部型 El Niño 年、东部型 La Niña 年、中部型 La Niña 年正异常，说明中部型 El Niño 年、东部型 La Niña 年、中部型 La Niña 年春季往往降水偏多。

②夏季在两类 ENSO 年负异常，说明两类 ENSO 年夏季往往降水偏少。

③秋季在东部型 El Niño 年、东部型 La Niña 年、中部型 La Niña 年负异常，说明东部型 El Niño 年、东部型 La Niña 年、中部型 La Niña 年秋季往往降水偏少；而在中部型 El Niño 年正异常，说明中部型 El Niño 年秋季往往降水偏多。

④冬季在东部型 El Niño 年、中部型 El Niño 年、东部型 La Niña 年正异常，说明

东部型 El Niño 年、中部型 El Niño 年、东部型 La Niña 年冬季往往降水偏多;而在中部型 La Niña 年负异常,说明中部型 La Niña 年冬季往往降水偏少。

表 5.11　湄潭县两类 ENSO 年各季平均的降水异常(单位:mm)

	春季	夏季	秋季	冬季
东部型 El Niño 年/中部型 El Niño 年	−5.4/54.8	−5.1/−11.2	−12.1/8.8	7.7/2.2
东部型 La Niña 年/中部型 La Niña 年	3.7/65.7	−6.6/−39.2	−22.6/−19.3	5.7/−3.6

表 5.12 是湄潭县两类 ENSO 年各季降水异常年份占比(%)及其气候态,不难看出以下特点。

①两类 ENSO 年各季降水异常年份占比与气候态均有不同程度差异。

②春季在中部型 El Niño 年、中部型 La Niña 年偏多(正异常)年份占比比气候态多 20 个百分点以上。

表 5.12　湄潭县两类 ENSO 年各季降水异常(>0,<0)年份占比(%)及其气候态

	春季			夏季			秋季			冬季		
	>0	<0	=0	>0	<0	=0	>0	<0	=0	>0	<0	=0
东部型 El Niño 年	40	60	0	53	47	0	47	53	0	53	47	0
中部型 El Niño 年	89	11	0	44	56	0	44	56	0	44	56	0
东部型 La Niña 年	50	50	0	38	62	0	50	50	0	50	50	0
中部型 La Niña 年	100	0	0	50	50	0	50	50	0	50	50	0
气候态	59	41	0	50	50	0	50	50	0	40	60	0

总而言之,湄潭县在两类 ENSO 年各季降水均有不同程度异常,其绝对值在 65.7 mm 以内;春季、秋季在两类 El Niño 年异常明显相反,表明赤道中、东太平洋海面温度异常(SSTA)暖中心东、中部位置差异,对湄潭县春季、秋季降水有反向影响;而两类 La Niña 年冬季异常明显相反,表明中、东太平洋海面温度异常(SSTA)冷中心东、中部位置差异,对湄潭县冬季降水有反向影响;两类 ENSO 年各季降水异常年份占比与气候态均有不同程度差异;春季降水在中部型 El Niño 年、中部型 La Niña 年出现偏多(正异常)的概率较大。

(6)仁怀市

表 5.13 是仁怀市两类 ENSO 年春季、夏季、秋季、冬季各季平均的降水异常,主要有以下特点。

①春季在东部型 El Niño 年、中部型 El Niño 年、东部型 La Niña 年正异常,说明东部型 El Niño 年、中部型 El Niño 年、东部型 La Niña 年春季往往降水偏多;而在中部型 La Niña 年负异常,说明中部型 La Niña 年春季往往降水偏少。

②夏季在东部型 El Niño 年、中部型 El Niño 年负异常,说明东部型 El Niño 年、

中部型 El Niño 年夏季往往降水偏少;而在东部型 La Niña 年、中部型 La Niña 年正异常,说明东部型 La Niña 年、中部型 La Niña 年夏季往往降水偏多。

③秋季在东部型 El Niño 年、东部型 La Niña 年、中部型 La Niña 年正异常,说明东部型 El Niño 年、东部型 La Niña 年、中部型 La Niña 年秋季往往降水偏多;而在中部型 El Niño 年负异常,说明中部型 El Niño 年秋季往往降水偏少。

④冬季在东部型 El Niño 年、东部型 La Niña 年、中部型 La Niña 年正异常,说明东部型 El Niño 年、东部型 La Niña 年、中部型 La Niña 年冬季往往降水偏多;而在中部型 El Niño 年负异常,说明中部型 El Niño 年冬季往往降水偏少。

表 5.13　仁怀市两类 ENSO 年各季平均的降水异常(单位:mm)

	春季	夏季	秋季	冬季
东部型 El Niño 年/中部型 El Niño 年	0.7/7.0	−21.7/−48.1	0.8/−21.4	0.4/−5.7
东部型 La Niña 年/中部型 La Niña 年	22.3/−19.2	49.8/17.4	25.1/33.6	2.5/0.9

表 5.14 是仁怀市两类 ENSO 年各季降水异常年份占比(%)及其气候态,不难看出以下特点。

①两类 ENSO 年各季降水异常年份占比与气候态均有不同程度差异。

②春季在中部型 La Niña 年偏少(负异常)年份占比比气候态多 20 个百分点以上。

③夏季在东部型 La Niña 年偏多(正异常)年份占比比气候态多 20 个百分点以上,中部型 El Niño 年偏少(负异常)年份占比比气候态多 20 个百分点以上。

④秋季在中部型 La Niña 年偏多(正异常)年份占比比气候态多 20 个百分点以上,而在中部型 El Niño 年偏少(负异常)年份占比比气候态多 20 个百分点以上。

表 5.14　仁怀市两类 ENSO 年各季降水异常(>0,<0)年份占比(%)及其气候态

	春季			夏季			秋季			冬季		
	>0	<0	=0	>0	<0	=0	>0	<0	=0	>0	<0	=0
东部型 El Niño 年	53	47	0	40	60	0	47	53	0	47	53	0
中部型 El Niño 年	56	44	0	22	78	0	22	78	0	44	56	0
东部型 La Niña 年	50	50	0	63	37	0	50	50	0	38	62	0
中部型 La Niña 年	25	75	0	50	50	0	75	25	0	25	75	0
气候态	48	52	0	43	57	0	52	48	0	41	57	2

总而言之,仁怀市在两类 ENSO 年各季降水均有不同程度异常,其绝对值在 49.8 mm 以内;秋季、冬季在两类 El Niño 年异常明显相反,表明赤道中、东太平洋海面温度异常(SSTA)暖中心东、中部位置差异,对秋季、冬季降水有反向影响;而两类 La Niña 年春季异常明显相反,表明中、东太平洋海面温度异常(SSTA)冷中心东、中

部位置差异,对春季降水有反向影响;两类 ENSO 年各季降水异常年份占比与气候态均有不同程度差异,但无论是偏多年份占比还是偏少年份占比都不是百分之百,说明 ENSO 不是导致降水异常的唯一原因;春季降水在中部型 La Niña 年出现偏少(负异常)的概率较大;夏季降水在东部型 La Niña 年出现偏多(正异常)的概率较大,而在中部型 El Niño 年出现偏少(负异常)的概率较大;秋季在中部型 La Niña 年偏多(正异常)的概率较大,而在中部型 El Niño 年偏少(负异常)的概率较大。

(7)绥阳县

表 5.15 是绥阳县两类 ENSO 年春季、夏季、秋季、冬季各季平均的降水异常,主要有以下特点。

①春季在东部型 El Niño 年、中部型 El Niño 年正异常,说明东部型 El Niño 年、中部型 El Niño 年春季往往降水偏多;而在东部型 La Niña 年、中部型 La Niña 年负异常,说明东部型 La Niña 年、中部型 La Niña 年春季往往降水偏少。

②夏季在东部型 El Niño 年负异常,说明东部型 El Niño 年夏季往往降水偏少;在中部型 El Niño 年、东部型 La Niña 年、中部型 La Niña 年正异常,说明中部型 El Niño 年、东部型 La Niña 年、中部型 La Niña 年夏季往往降水偏多。

③秋季在东部型 El Niño 年负异常,说明东部型 El Niño 年秋季往往降水偏少;而在中部型 El Niño 年、东部型 La Niña 年、中部型 La Niña 年正异常,说明中部型 El Niño 年、东部型 La Niña 年、中部型 La Niña 年秋季往往降水偏多。

④冬季在东部型 El Niño 年、中部型 El Niño 年、东部型 La Niña 年正异常,说明东部型 El Niño 年、中部型 El Niño 年、东部型 La Niña 年往往降水偏多;而在中部型 La Niña 年负异常,说明中部型 La Niña 年冬季往往降水偏少。

表 5.15　绥阳县两类 ENSO 年各季平均的降水异常(单位:mm)

	春季	夏季	秋季	冬季
东部型 El Niño 年/中部型 El Niño 年	1.3/44.8	−9.7/8.8	−15.2/19.8	1.6/2.9
东部型 La Niña 年/中部型 La Niña 年	−9.6/−21.0	6.9/18.0	4.8/3.0	5.3/−7.8

表 5.16 是绥阳县两类 ENSO 年各季降水异常年份占比(%)及其气候态,不难看出以下特点。

①两类 ENSO 年各季降水异常年份占比与气候态均有不同程度差异。

②春季在中部型 El Niño 年偏多(正异常)年份占比比气候态多 20 个百分点以上;而在中部型 La Niña 年偏少(负异常)年份占比比气候态多 20 个百分点以上。

③夏季在中部型 La Niña 年偏多(正异常)年份占比比气候态多 20 个百分点以上。

④秋季在中部型 La Niña 年偏少(负异常)年份占比比气候态多 20 个百分点以上。

⑤冬季在东部型 La Niña 年偏多（正异常）年份占比比气候态多 20 个百分点以上。

表 5.16　绥阳县两类 ENSO 年各季降水异常(>0,<0)年份占比(%)及其气候态

	春季			夏季			秋季			冬季		
	>0	<0	=0	>0	<0	=0	>0	<0	=0	>0	<0	=0
东部型 El Niño 年	53	47	0	60	40	0	40	60	0	47	53	0
中部型 El Niño 年	89	11	0	33	67	0	67	33	0	33	67	0
东部型 La Niña 年	50	50	0	38	62	0	38	62	0	63	37	0
中部型 La Niña 年	25	75	0	75	25	0	25	75	0	25	75	0
气候态	57	43	0	47	53	0	52	48	0	36	64	0

总而言之，绥阳县在两类 ENSO 年各季降水均有不同程度异常，其绝对值在 44.8 mm 以内；夏季、秋季在两类 El Niño 年异常明显相反，表明赤道中、东太平洋海面温度异常（SSTA）暖中心东、中部位置差异，对夏季、秋季降水有反向影响；而两类 La Niña 年冬季异常明显相反，表明中、东太平洋海面温度异常（SSTA）冷中心东、中部位置差异，对冬季降水有反向影响；两类 ENSO 年各季降水异常年份占比与气候态均有不同程度差异，但无论是偏多年份占比还是偏少年份占比都不是百分之百，说明 ENSO 不是导致降水异常的唯一原因；春季在中部型 El Niño 年出现偏多（正异常）的概率较大，而在中部型 La Niña 年出现偏少（负异常）的概率较大；夏季在中部型 La Niña 年出现偏多（正异常）的概率较大；秋季在中部型 La Niña 年出现偏少（负异常）的概率较大；冬季在东部型 La Niña 年出现偏多（正异常）的概率较大。

（8）桐梓县

表 5.17 是桐梓县两类 ENSO 年春季、夏季、秋季、冬季平均的降水异常，主要有以下特点。

①春季在两类 ENSO 年正异常，说明两类 ENSO 年春季往往降水偏多。

②夏季在东部型 El Niño 年正异常，说明东部型 El Niño 年夏季往往降水偏多；而在中部型 El Niño 年、东部型 La Niña 年、中部型 La Niña 年负异常，说明中部型 El Niño 年、东部型 La Niña 年、中部型 La Niña 年夏季往往降水偏少。

③秋季在东部型 El Niño 年负异常，说明东部型 El Niño 年秋季往往降水偏少；而在中部型 El Niño 年、东部型 La Niña 年、中部型 La Niña 年正异常，说明中部型 El Niño 年、东部型 La Niña 年、中部型 La Niña 年秋季往往降水偏多。

④冬季在东部型 El Niño 年、中部型 El Niño 年正异常，说明东部型 El Niño 年、中部型 El Niño 年往往降水偏多；而在东部型 La Niña 年、中部型 La Niña 年负异常，说明东部型 La Niña 年、中部型 La Niña 年冬季往往降水偏少。

表 5.17　桐梓县两类 ENSO 年各季平均的降水异常(单位:mm)

	春季	夏季	秋季	冬季
东部型 El Niño 年/中部型 El Niño 年	5.0/21.4	8.9/−8.0	−1.1/11.8	1.0/1.1
东部型 La Niña 年/中部型 La Niña 年	5.6/26.1	−14.6/−16.0	39.7/16.9	−1.9/−6.1

表 5.18 是桐梓县两类 ENSO 年各季降水异常年份占比(%)及其气候态,不难看出以下特点。

①两类 ENSO 年各季降水异常年份占比与气候态均有不同程度差异。

②夏季在中部型 La Niña 年偏少(负异常)年份占比比气候态多 20 个百分点以上。

③秋季在东部型 La Niña 年偏多(正异常)年份占比比气候态多 20 个百分点以上。

表 5.18　桐梓县两类 ENSO 年各季降水异常(>0,<0)年份占比(%)及其气候态

	春季			夏季			秋季			冬季		
	>0	<0	=0	>0	<0	=0	>0	<0	=0	>0	<0	=0
东部型 El Niño 年	40	60	0	47	53	0	47	53	0	40	60	0
中部型 El Niño 年	56	44	0	56	44	0	56	44	0	44	56	0
东部型 La Niña 年	63	37	0	63	37	0	75	25	0	50	50	0
中部型 La Niña 年	75	25	0	25	75	0	50	50	0	25	75	0
气候态	57	43	0	47	53	0	55	45	0	38	62	0

总而言之,桐梓县两类 ENSO 年各季降水均有不同程度异常,其绝对值在 39.7 mm 以内;夏季、秋季在 El Niño 年异常明显相反,表明赤道中、东太平洋海面温度异常(SSTA)暖中心东、中部位置差异,对夏季、秋季降水有反向影响;两类 ENSO 年各季降水异常年份占比与气候态均有不同程度差异,但无论是偏多年份占比还是偏少年份占比都不是百分之百,说明 ENSO 不是导致降水异常的唯一原因;夏季在中部型 La Niña 年出现偏少(负异常)的概率较大;秋季在东部型 La Niña 年出现偏多(正异常)的概率较大。

(9)务川自治县

表 5.19 是务川自治县两类 ENSO 年春季、夏季、秋季、冬季各季平均的降水异常,主要有以下特点。

①春季在东部型 El Niño 年、中部型 El Niño 年、中部型 La Niña 年正异常,说明东部型 El Niño 年、中部型 El Niño 年、中部型 La Niña 年春季往往降水偏多;而在东部型 La Niña 年负异常,说明东部型 La Niña 年春季往往降水偏少。

②夏季在东部型 El Niño 年、中部型 El Niño 年、东部型 La Niña 年正异常,说明

东部型 El Niño 年、中部型 El Niño 年、东部型 La Niña 年夏季往往降水偏多;而在中部型 La Niña 年负异常,说明中部型 La Niña 年夏季往往降水偏少。

③秋季在东部型 El Niño 年、中部型 El Niño 年、东部型 La Niña 年正异常,说明东部型 El Niño 年、中部型 El Niño 年、东部型 La Niña 年秋季往往降水偏多;而在中部型 La Niña 年负异常,说明中部型 La Niña 年秋季往往降水偏少。

④冬季在东部型 El Niño 年、中部型 El Niño 年、东部型 La Niña 年正异常,说明东部型 El Niño 年、中部型 El Niño 年、东部型 La Niña 年往往降水偏多;而在中部型 La Niña 年负异常,说明中部型 La Niña 年冬季往往降水偏少。

表 5.19 务川自治县两类 ENSO 年各季平均的降水异常(单位:mm)

	春季	夏季	秋季	冬季
东部型 El Niño 年/中部型 El Niño 年	8.0/57.3	10.0/16.8	26.4/6.2	4.0/8.4
东部型 La Niña 年/中部型 La Niña 年	−6.5/41.9	50.4/−137.1	95.6/−37.9	3.2/−15.3

表 5.20 是务川自治县两类 ENSO 年各季降水异常年份占比(%)及其气候态,不难看出以下特点。

①两类 ENSO 年各季降水异常年份占比与气候态均有不同程度差异。

②春季在东部型 La Niña 年偏少(负异常)年份占比比气候态多 20 个百分点以上。

③夏季在中部型 El Niño 年偏多(正异常)年份占比比气候态多 20 个百分点以上,而在中部型 La Niña 年偏少(负异常)年份占比比气候态多 20 个百分点以上。

④秋季在东部型 La Niña 年偏多(正异常)年份占比比气候态多 20 个百分点以上,而在中部型 La Niña 年偏少(负异常)年份占比比气候态多 20 个百分点以上。

⑤冬季在东部型 El Niño 年偏多(正异常)年份占比比气候态多 20 个百分点以上。

表 5.20 务川自治县两类 ENSO 年各季降水异常(>0,<0)年份占比(%)及其气候态

	春季			夏季			秋季			冬季		
	>0	<0	=0	>0	<0	=0	>0	<0	=0	>0	<0	=0
东部型 El Niño 年	53	47	0	47	53	0	73	27	0	67	33	0
中部型 El Niño 年	67	33	0	67	33	0	56	44	0	56	44	0
东部型 La Niña 年	38	62	0	50	50	0	88	12	0	38	62	0
中部型 La Niña 年	50	50	0	0	100	0	25	75	0	25	75	0
气候态	59	41	0	45	55	0	67	33	0	43	57	0

总而言之,务川自治县在两类 ENSO 年各季降水均有不同程度异常,其绝对值在 137.1 mm 以内;春季、夏季、秋季、冬季在两类 La Niña 年异常明显相反,表明赤

道中、东太平洋海面温度异常（SSTA）冷中心东、中部位置差异,对春季、夏季、秋季、冬季降水有反向影响;两类 ENSO 年各季降水异常年份占比与气候态均有不同程度差异;春季在东部型 La Niña 年出现偏少(负异常)的概率较大;夏季在中部型 El Niño 年出现偏多(正异常)的概率较大,在中部型 La Niña 年出现偏少(负异常)的概率较大;秋季在东部型 La Niña 年出现偏多(正异常)的概率较大,在中部型 La Niña 年出现偏少(负异常)的概率较大;冬季在东部型 El Niño 年出现偏多(正异常)的概率较大。

（10）习水县

表 5.21 是习水县两类 ENSO 年春季、夏季、秋季、冬季各季平均的降水异常,主要有以下特点。

①春季在东部型 El Niño 年、中部型 El Niño 年、东部型 La Niña 年正异常,说明东部型 El Niño 年、中部型 El Niño 年、东部型 La Niña 年春季往往降水偏多;而在中部型 La Niña 年负异常,说明中部型 La Niña 年春季往往降水偏少。

②夏季在两类 ENSO 年负异常,说明两类 ENSO 年夏季往往降水偏少。

③秋季在两类 ENSO 年正异常,说明两类 ENSO 年秋季往往降水偏多。

④冬季在东部型 El Niño 年、中部型 El Niño 年、中部型 La Niña 年正异常,说明东部型 El Niño 年、中部型 El Niño 年、中部型 La Niña 年往往降水偏多;而在东部型 La Niña 年负异常,说明东部型 La Niña 年冬季往往降水偏少。

表 5.21　习水县两类 ENSO 年各季平均的降水异常(单位:mm)

	春季	夏季	秋季	冬季
东部型 El Niño 年/中部型 El Niño 年	3.4/28.1	−16.0/−25.0	20.4/8.9	2.0/0.1
东部型 La Niña 年/中部型 La Niña 年	10.9/−7.9	−27.3/−7.0	16.6/73.6	−2.3/4.6

表 5.22 是习水县两类 ENSO 年各季降水异常年份占比(%)及其气候态,不难看出以下特点。

①两类 ENSO 年各季降水异常年份占比与气候态均有不同程度差异。

②春季在中部型 La Niña 年偏少(负异常)年份占比比气候态多 20 个百分点以上。

③夏季在中部型 La Niña 年偏少(负异常)年份占比比气候态多 20 个百分点以上。

④秋季在中部型 El Niño 年偏少(负异常)年份占比比气候态多 20 个百分点以上。

⑤冬季在中部型 La Niña 年偏多(正异常)年份占比比气候态多 20 个百分点以上。

表 5.22　习水县两类 ENSO 年各季降水异常(>0,<0)年份占比(%)及其气候态

	春季			夏季			秋季			冬季		
	>0	<0	=0	>0	<0	=0	>0	<0	=0	>0	<0	=0
东部型 El Niño 年	33	67	0	53	47	0	80	20	0	53	47	0
中部型 El Niño 年	44	56	0	33	67	0	44	56	0	33	67	0
东部型 La Niña 年	38	62	0	38	62	0	63	37	0	38	62	0
中部型 La Niña 年	25	75	0	25	75	0	50	50	0	75	25	0
气候态	45	55	0	47	53	0	69	31	0	45	53	2

总而言之,习水县在两类 ENSO 年各季降水均有不同程度异常,其绝对值在 73.6 mm 以内;春季、冬季在两类 La Niña 年异常明显相反,表明赤道中、东太平洋海面温度异常(SSTA)冷中心东、中部位置差异,对春季、冬季降水有反向影响;两类 ENSO 年各季降水异常年份占比与气候态均有不同程度差异,但无论是偏多年份占比还是偏少年份占比都不是百分之百,说明 ENSO 不是导致降水异常的唯一原因;春季在中部型 La Niña 年出现偏少(负异常)的概率较大;夏季在中部型 La Niña 年出现偏少(负异常)的概率较大;秋季在中部型 El Niño 年出现偏少(负异常)的概率较大;冬季在中部型 La Niña 年出现偏多(正异常)概率较大。

(11)余庆县

表 5.23 是余庆县两类 ENSO 年春季、夏季、秋季、冬季各季平均的降水异常,主要有以下特点。

①春季在东部型 El Niño 年、东部型 La Niña 年负异常,说明东部型 El Niño 年、东部型 La Niña 年春季往往降水偏少;而在中部型 El Niño 年、中部型 La Niña 年正异常,说明中部型 El Niño 年、中部型 La Niña 年春季往往降水偏多。

②夏季在东部型 El Niño 年、东部型 La Niña 年正异常,说明东部型 El Niño 年、东部型 La Niña 年春季往往降水偏多;而在中部型 El Niño 年、中部型 La Niña 年负异常,说明中部型 El Niño 年、中部型 La Niña 年春季往往降水偏少。

③秋季在东部型 El Niño 年、中部型 El Niño 年正异常,说明东部型 El Niño 年、中部型 El Niño 年秋季往往降水偏多;而在东部型 La Niña 年、中部型 La Niña 年负异常,说明东部型 La Niña 年、中部型 La Niña 年秋季往往降水偏少。

表 5.23　余庆县两类 ENSO 年各季平均的降水异常(单位:mm)

	春季	夏季	秋季	冬季
东部型 El Niño 年/中部型 El Niño 年	−25.9/46.8	20.2/−11.5	19.4/20.1	−2.9/5.1
东部型 La Niña 年/中部型 La Niña 年	−35.1/64.6	92.1/−46.1	−30.3/−3.0	−9.5/−22.9

④冬季在东部型 El Niño 年、东部型 La Niña 年、中部型 La Niña 年负异常,说明

东部型 El Niño 年、东部型 La Niña 年、中部型 La Niña 年往往降水偏少;而在中部型 El Niño 年正异常,说明中部型 El Niño 年冬季往往降水偏多。

表 5.24 是余庆县两类 ENSO 年各季降水异常年份占比(%)及其气候态,不难看出以下特点。

①两类 ENSO 年各季降水异常年份占比与气候态均有不同程度差异。

②春季在东部型 El Niño 年、东部型 La Niña 年偏少(负异常)年份占比比气候态多 20 个百分点以上。

③夏季在中部型 La Niña 年偏少(负异常)年份占比比气候态多 20 个百分点以上。

④秋季在东部型 La Niña 年偏少(负异常)年份占比比气候态多 20 个百分点以上。

⑤冬季在中部型 El Niño 年偏多(正异常)年份占比比气候态多 20 个百分点以上,

中部型 La Niña 年偏少(负异常)年份占比比气候态多 20 个百分点以上。

表 5.24　余庆县两类 ENSO 年各季降水异常(>0,<0)年份占比(%)及其气候态

	春季			夏季			秋季			冬季		
	>0	<0	=0	>0	<0	=0	>0	<0	=0	>0	<0	=0
东部型 El Niño 年	33	67	0	60	40	0	53	47	0	33	67	0
中部型 El Niño 年	67	33	0	44	56	0	44	56	0	56	44	0
东部型 La Niña 年	25	75	0	50	50	0	25	75	0	38	62	0
中部型 La Niña 年	75	25	0	25	75	0	50	50	0	0	100	0
气候态	57	43	0	52	48	0	50	50	0	31	69	0

总而言之,余庆县在两类 ENSO 年各季降水均有不同程度异常,其绝对值在 92.1 mm 以内;在 El Niño 年春季、夏季、冬季异常明显相反,表明赤道中、东太平洋海面温度异常(SSTA)暖中心东、中部位置差异,对春季、夏季、冬季降水有反向影响;而两类 La Niña 年春季、夏季异常明显相反,表明中、东太平洋海面温度异常(SSTA)冷中心东、中部位置差异,对春季、夏季降水有反向影响;两类 ENSO 年各季降水异常年份占比与气候态均有不同程度差异;春季在东部型 El Niño 年、东部型 La Niña 年出现偏少(负异常)的概率较大;夏季在中部型 La Niña 年出现偏少(负异常)的概率较大;秋季在东部型 La Niña 年出现偏少(负异常)的概率较大;冬季在中部型 El Niño 年出现偏多(正异常)的概率较大,在中部型 La Niña 年出现偏少(负异常)的概率较大。

(12)正安县

表 5.25 是正安县两类 ENSO 年春季、夏季、秋季、冬季各季平均的降水异常,主

要有以下特点。

①春季在东部型 El Niño 年、中部型 El Niño 年、中部型 La Niña 年正异常,说明东部型 El Niño 年、中部型 El Niño 年、中部型 La Niña 年春季往往降水偏多;而在东部型 La Niña 年负异常,说明东部型 La Niña 年春季往往降水偏少。

②夏季在东部型 El Niño 年正异常,说明东部型 El Niño 年夏季往往降水偏多;而在中部型 El Niño 年、东部型 La Niña 年、中部型 La Niña 年负异常,说明中部型 El Niño 年、东部型 La Niña 年、中部型 La Niña 年夏季往往降水偏少。

③秋季在东部型 El Niño 年、中部型 El Niño 年、东部型 La Niña 年正异常,说明东部型 El Niño 年、中部型 El Niño 年、东部型 La Niña 年往往降水偏多;而在中部型 La Niña 年负异常,说明中部型 La Niña 年秋季往往降水偏少。

④冬季在东部型 El Niño 年、东部型 La Niña 年正异常,说明东部型 El Niño 年、东部型 La Niña 年往往降水偏多;而在中部型 El Niño 年、中部型 La Niña 年负异常,说明中部型 El Niño 年、中部型 La Niña 年冬季往往降水偏少。

表 5.25　正安县两类 ENSO 年各季平均的降水异常(单位:mm)

	春季	夏季	秋季	冬季
东部型 El Niño 年/中部型 El Niño 年	3.7/46.8	5.5/−25.5	12.7/8.0	1.6/−0.9
东部型 La Niña 年/中部型 La Niña 年	−5.9/9.8	−17.4/−52.4	57.7/−18.9	1.4/−4.8

表 5.26 是正安县两类 ENSO 年各季降水异常年份占比(%)及其气候态,不难看出以下特点。

①两类 ENSO 年各季降水异常年份占比与气候态均有不同程度差异。

②春季在中部型 La Niña 年偏多(正异常)年份占比比气候态多 20 个百分点以上,而在东部型 La Niña 年偏少(负异常)年份占比比气候态多 20 个百分点以上。

③秋季在东部型 La Niña 年偏多(正异常)年份占比比气候态多 20 个百分点以上,在中部型 La Niña 年偏少(负异常)年份占比比气候态多 20 个百分点以上。

④冬季在东部型 La Niña 年偏多(正异常)年份占比比气候态多 20 个百分点以上。

表 5.26　正安县两类 ENSO 年各季降水异常(>0,<0)年份占比(%)及其气候态

	春季			夏季			秋季			冬季		
	>0	<0	=0	>0	<0	=0	>0	<0	=0	>0	<0	=0
东部型 El Niño 年	53	47	0	47	53	0	53	47	0	33	67	0
中部型 El Niño 年	67	33	0	33	67	0	56	44	0	44	56	0
东部型 La Niña 年	25	75	0	38	62	0	88	12	0	63	37	0
中部型 La Niña 年	75	25	0	25	75	0	25	75	0	25	75	0
气候态	55	45	0	40	60	0	57	43	0	34	66	0

　　总而言之,余庆县在两类 ENSO 年各季降水均有不同程度异常,其绝对值在52.4 mm 以内;夏季、冬季在 El Niño 年异常明显相反,表明赤道中、东太平洋海面温度异常(SSTA)暖中心东、中部位置差异,对夏季、冬季降水有反向影响;而两类 La Niña 年春季、秋季、冬季异常明显相反,表明中、东太平洋海面温度异常(SSTA)冷中心东、中部位置差异,对春季、秋季、冬季降水有反向影响;两类 ENSO 年各季降水异常年份占比与气候态均有不同程度差异,但无论是偏多年份占比还是偏少年份占比都不是百分之百,说明 ENSO 不是导致降水异常的唯一原因;春季在中部型 La Niña 年出现偏多(正异常)的概率较大,而在东部型 La Niña 年出现偏少(负异常)的概率较大;秋季在东部型 La Niña 年出现偏多(正异常)的概率较大,在中部型 La Niña 年出现偏少(负异常)的概率较大;冬季在东部型 La Niña 年出现偏多(正异常)的概率较大。

　　(13)汇川区

　　表 5.27 是汇川区两类 ENSO 年春季、夏季、秋季、冬季各季平均的降水异常,主要有以下特点。

　　①春季在两类 ENSO 年正异常,说明两类 ENSO 年春季往往降水偏多。

　　②夏季在东部型 El Niño 年、中部型 El Niño 年、中部型 La Niña 年负异常,说明东部型 El Niño 年、中部型 El Niño 年、中部型 La Niña 年夏季往往降水偏少;而东部型 La Niña 年正异常,说明东部型 La Niña 年夏季往往降水偏多。

　　③秋季在东部型 El Niño 年、中部型 La Niña 年负异常,说明东部型 El Niño 年、中部型 La Niña 年秋季往往降水偏少;而在中部型 El Niño 年、东部型 La Niña 年正异常,说明中部型 El Niño 年、东部型 La Niña 年秋季往往降水偏多。

　　④冬季在东部型 El Niño 年、东部型 La Niña 年正异常,说明东部型 El Niño 年、东部型 La Niña 年往往降水偏多;而在中部型 El Niño 年、中部型 La Niña 年负异常,说明中部型 El Niño 年、中部型 La Niña 年冬季往往降水偏少。

表 5.27　汇川区两类 ENSO 年各季平均的降水异常(单位:mm)

	春季	夏季	秋季	冬季
东部型 El Niño 年/中部型 El Niño 年	2.6/13.6	−35.3/−3.4	−19.5/4.4	6.3/−0.8
东部型 La Niña 年/中部型 La Niña 年	37.5/39.4	37.0/−55.2	6.4/−1.8	2.5/−6.6

　　表 5.28 是汇川区两类 ENSO 年各季降水异常年份占比(%)及其气候态,不难看出以下特点。

　　①两类 ENSO 年各季降水异常年份占比与气候态均有不同程度差异。

　　②夏季在东部型 La Niña 年偏多(在异常)年份占比比气候态多 20 个百分点以上。

　　③秋季在东部型 El Niño 年偏少(负异常)年份占比比气候态多 20 个百分点

以上。

表 5.28　汇川区两类 ENSO 年各季降水异常(＞0,＜0)年份占比(%)及其气候态

	春季			夏季			秋季			冬季		
	＞0	＜0	=0	＞0	＜0	=0	＞0	＜0	=0	＞0	＜0	=0
东部型 El Niño 年	47	53	0	33	67	0	33	67	0	53	47	0
中部型 El Niño 年	56	44	0	44	56	0	44	56	0	33	67	0
东部型 La Niña 年	75	25	0	63	37	0	50	50	0	50	50	0
中部型 La Niña 年	75	25	0	25	75	0	50	50	0	25	75	0
气候态	57	43	0	41	59	0	55	45	0	41	59	0

　　总而言之,汇川区在两类 ENSO 年各季降水均有不同程度异常,其绝对值在 55.2 mm 以内;秋季、冬季在两类 El Niño 年异常明显相反,表明赤道中、东太平洋海面温度异常(SSTA)暖中心东、中部位置差异,对秋季、冬季降水有反向影响;而夏季、秋季、冬季在两类 La Niña 年异常明显相反,表明中、东太平洋海面温度异常(SS-TA)冷中心东、中部位置差异,对夏季、秋季、冬季降水有反向影响;两类 ENSO 年各季降水异常年份占比与气候态均有不同程度差异,但无论是偏多年份占比还是偏少年份占比都不是百分之百,说明 ENSO 不是导致降水异常的唯一原因;夏季在东部型 La Niña 年出现偏多(正异常)的概率较大;秋季在东部型 El Niño 年出现偏少(负异常)的概率较大。

5.2　ENSO 次年降水异常

5.2.1　遵义

　　表 5.29 是遵义整体区域两类 ENSO 次年春、夏、秋、冬各季平均的降水异常,主要有以下特点。

　　①春季在东部型 El Niño 次年、东部型 La Niña 次年、中部型 La Niña 次年正异常,说明东部型 El Niño 次年、东部型 La Niña 次年、中部型 La Niña 次年春季往往降水偏多;在中部型 El Niño 次年负异常,说明中部型 El Niño 次年春季往往降水偏少。

　　②夏季在东部型 El Niño 次年正异常,说明东部型 El Niño 次年夏季往往降水偏多;在中部型 El Niño 次年、东部型 La Niña 次年、中部型 La Niña 次年负异常,说明中部型 El Niño 次年、东部型 La Niña 次年、中部型 La Niña 次年夏季往往降水偏少。

　　③秋季在东部型 El Niño 次年、中部型 El Niño 次年、中部型 La Niña 次年正异常,说明东部型 El Niño 次年、中部型 El Niño 次年、中部型 La Niña 次年秋季往往降水偏多;在东部型 La Niña 次年负异常,说明东部型 La Niña 次年秋季往往降水

偏少。

④冬季在东部型 El Niño 次年、东部型 La Niña 次年、中部型 La Niña 次年负异常,说明东部型 El Niño 次年、东部型 La Niña 次年、中部型 La Niña 次年冬季往往降水偏少;在中部型 El Niño 次年正异常,说明中部型 El Niño 次年冬季往往降水偏多。

表 5.29　遵义整体区域两类 ENSO 次年各季平均的降水异常(单位:mm)

	春季	夏季	秋季	冬季
东部型 El Niño 次年/中部型 El Niño 次年	6.7/−30.5	8.3/−41.8	18.0/29.8	−7.5/1.5
东部型 La Niña 次年/中部型 La Niña 次年	2.9/72.5	−61.6/−14.4	−18.5/12.3	−12.2/−10.5

表 5.30 是遵义整体区域两类 ENSO 次年各季降水异常年份占比(%)及其气候态,不难看出以下特点。

①两类 ENSO 次年各季降水异常年份占比与气候态均有不同程度差异。

②春季在东部型 El Niño 次年、中部型 La Niña 次年偏多(正异常)年份占比比气候态多 20 个百分点以上。

③夏季在中部型 El Niño 次年偏少(负异常)年份占比比气候态多 20 个百分点以上。

④秋季在东部型 El Niño 次年、中部型 El Niño 次年偏多(正异常)年份占比比气候态多 20 个百分点以上。

⑤冬季在东部型 La Niña 次年偏少(负异常)年份占比比气候态多 20 个百分点以上。

表 5.30　遵义整体区域两类 ENSO 次年各季降水异常(>0,<0)年份占比(%)及其气候态

	春季			夏季			秋季			冬季		
	>0	<0	=0	>0	<0	=0	>0	<0	=0	>0	<0	=0
东部型 El Niño 次年	73	27	0	45	55	0	73	27	0	27	73	0
中部型 El Niño 次年	33	67	0	33	67	0	83	17	0	50	50	0
东部型 La Niña 次年	63	37	0	38	62	0	38	62	0	13	87	0
中部型 La Niña 次年	100	0	0	50	50	0	50	50	0	25	75	0
气候态	50	50	0	57	43	0	47	53	0	37	63	0

总而言之,遵义整体区域在两类 ENSO 次年各季降水均有不同程度异常,其绝对值大小在 72.5 mm 以内;春季、夏季、冬季在两类 El Niño 次年异常明显相反,表明中、东太平洋海面温度异常(SSTA)暖中心东、中部位置差异,对春季、夏季、冬季降水有反向影响;秋季在两类 La Niña 次年异常明显相反,表明中、东太平洋海面温度异常(SSTA)冷中心东、中部位置差异,对秋季降水有反向影响;两类 ENSO 次年各季降水异常年份占比与气候态均有不同程度差异;春季在东部型 El Niño 次年、中

部型 La Niña 次年出现偏多(正异常)的概率较大;夏季在中部型 El Niño 次年出现
偏少(负异常)的概率较大;秋季在东部型 El Niño 次年、中部型 El Niño 次年出现偏
多(正异常)的概率较大;冬季在东部型 La Niña 次年出现偏少(负异常)的概率较大。

5.2.2　各县(市、区)

(1)播州区

表 5.31 是播州区两类 ENSO 次年春、夏、秋、冬各季平均的降水异常,主要有以
下特点。

①春季在东部型 El Niño 次年、中部型 La Niña 次年正异常,说明东部型 El
Niño 次年、中部型 La Niña 次年春季往往降水偏多;在中部型 El Niño 次年、东部型
La Niña 次年负异常,说明中部型 El Niño 次年、东部型 La Niña 次年春季往往降水
偏少。

②夏季在东部型 El Niño 次年正异常,说明东部型 El Niño 次年夏季往往降水偏
多;在中部型 El Niño 次年、东部型 La Niña 次年、中部型 La Niña 次年负异常,说明
中部型 El Niño 次年、东部型 La Niña 次年、中部型 La Niña 次年夏季往往降水偏少。

③秋季在东部型 El Niño 次年、中部型 El Niño 次年、中部型 La Niña 次年正异
常,说明东部型 El Niño 次年、中部型 El Niño 次年、中部型 La Niña 次年秋季往往降
水偏多;在东部型 La Niña 次年负异常,说明东部型 La Niña 次年秋季往往降水
偏少。

④冬季在两类 ENSO 次年负异常,说明两类 ENSO 次年冬季往往降水偏少。

表 5.31　播州区两类 ENSO 次年各季平均的降水异常(单位:mm)

	春季	夏季	秋季	冬季
东部型 El Niño 次年/中部型 El Niño 次年	8.2/−6.3	37.9/−46.9	11.1/45.1	−9.6/−0.9
东部型 La Niña 次年/中部型 La Niña 次年	−0.9/106.1	−57.0/−13.5	−27.6/12.9	−11.0/−10.3

表 5.32 是播州区两类 ENSO 次年各季降水异常年份占比(%)及其气候态,不
难看出以下特点。

①两类 ENSO 次年各季降水异常年份占比与气候态均有不同程度差异。

②春季在中部型 El Niño 次年偏少(负异常)年份占比比气候态多 20 个百分点
以上,而在中部型 La Niña 次年偏多(正异常)年份占比比气候态多 20 个百分点
以上。

③夏季在东部型 El Niño 次年偏多(正异常)年份占比比气候态多 20 个百分点
以上。

④秋季在中部型 La Niña 次年偏多(正异常)年份占比比气候态多 20 个百分点
以上,而在东部型 La Niña 次年偏少(负异常)年份占比比气候态多 20 个百分点

以上。

⑤冬季在东部型 La Niña 次年偏少（负异常）年份占比比气候态多 20 个百分点以上。

表 5.32　播州区两类 ENSO 次年各季降水异常（＞0，＜0）年份占比（%）及其气候态

	春季			夏季			秋季			冬季		
	＞0	＜0	=0	＞0	＜0	=0	＞0	＜0	=0	＞0	＜0	=0
东部型 El Niño 次年	55	45	0	82	18	0	55	45	0	36	64	0
中部型 El Niño 次年	17	83	0	50	50	0	67	33	0	33	67	0
东部型 La Niña 次年	50	50	0	38	62	0	25	75	0	25	75	0
中部型 La Niña 次年	100	0	0	50	50	0	75	25	0	50	50	0
气候态	55	45	0	50	50	0	52	48	0	48	52	0

总而言之，播州区在两类 ENSO 次年各季降水均有不同程度异常，其绝对值大小在 106.1 mm 以内；春季、夏季在两类 El Niño 次年异常明显相反，表明赤道中、东太平洋海面温度异常（SSTA）暖中心东、中部位置差异，对春季、夏季降水有反向影响；春季、秋季两类 La Niña 次年异常明显相反，表明赤道中、东太平洋海面温度异常（SSTA）冷中心东、中部位置差异，对春季、秋季降水有反向影响；两类 ENSO 次年各季降水异常年份占比与气候态均有不同程度差异；春季在中部型 El Niño 次年出现偏少（负异常）的概率较大，而在中部型 La Niña 次年出现偏多（正异常）的概率较大；夏季在东部型 El Niño 次年出现偏多（正异常）的概率较大；秋季在中部型 La Niña 次年出现偏多（正异常）的概率较大，而在东部型 La Niña 次年出现偏少（负异常）年的概率较大；冬季在东部型 La Niña 次年出现偏少（负异常）的概率较大。

（2）赤水市

表 5.33 是赤水市两类 ENSO 次年春、夏、秋、冬各季平均的降水异常，主要有以下特点。

①春季在东部型 El Niño 次年、中部型 La Niña 次年正异常，说明东部型 El Niño 次年、中部型 La Niña 次年春季往往降水偏多；在中部型 El Niño 次年、东部型 La Niña 次年负异常，说明中部型 El Niño 次年、东部型 La Niña 次年春季往往降水偏少。

②夏季在东部型 El Niño 次年、中部型 El Niño 次年、东部型 La Niña 次年负异常，说明东部型 El Niño 次年、中部型 El Niño 次年、东部型 La Niña 次年夏季往往降水偏少；而在中部型 La Niña 次年正异常，说明中部型 La Niña 次年夏季往往降水偏多。

③秋季在两类 ENSO 次年正异常，说明两类 ENSO 次年秋季往往降水偏多。

④冬季在东部型 El Niño 次年、中部型 La Niña 次年正异常，说明东部型 El

Niño 次年、中部型 La Niña 次年冬季往往降水偏多;而在中部型 El Niño 次年、东部型 La Niña 次年负异常,说明中部型 El Niño 次年、东部型 La Niña 次年冬季往往降水偏少。

表 5.33　赤水市两类 ENSO 次年各季平均的降水异常(单位:mm)

	春季	夏季	秋季	冬季
东部型 El Niño 次年/中部型 El Niño 次年	22.5/−13.7	−37.1/−45.3	23.6/3.8	5.3/−0.9
东部型 La Niña 次年/中部型 La Niña 次年	−44.1/1.2	−51.4/42.0	14.2/33.0	−1.5/7.6

表 5.34 赤水市两类 ENSO 次年各季降水异常年份占比(%)及其气候态,不难看出以下特点。

①两类 ENSO 次年各季降水异常年份占比与气候态均有不同程度差异。

②春季在东部型 El Niño 次年、中部型 La Niña 次年偏多(正异常)年份占比比气候态多 20 个百分点以上,而在东部型 La Niña 次年偏少(负异常)年份占比比气候态多 20 个百分点以上。

③冬季在中部型 La Niña 次年偏多(正异常)年份占比比气候态多 20 个百分点以上;而在东部型 La Niña 次年偏少(负异常)年份占比比气候态多 20 个百分点以上。

表 5.34　赤水市两类 ENSO 次年各季降水异常(>0,<0)年份占比(%)及其气候态

	春季			夏季			秋季			冬季		
	>0	<0	=0	>0	<0	=0	>0	<0	=0	>0	<0	=0
东部型 El Niño 次年	73	27	0	36	64	0	73	27	0	64	36	0
中部型 El Niño 次年	33	67	0	33	67	0	50	50	0	50	50	0
东部型 La Niña 次年	25	75	0	38	62	0	63	37	0	38	62	0
中部型 La Niña 次年	75	25	0	50	50	0	75	25	0	100	0	0
气候态	52	48	0	50	50	0	60	38	2	59	41	0

总而言之,赤水市在两类 ENSO 次年各季降水均有不同程度异常,其绝对值大小在 51.4 mm 以内;春季、冬季在两类 El Niño 次年异常明显相反,表明赤道中、东太平洋海面温度异常(SSTA)暖中心东、中部位置差异,对春季、冬季降水有反向影响;春季、夏季、冬季在两类 La Niña 次年异常明显相反,表明赤道中、东太平洋海面温度异常(SSTA)冷中心东、中部位置差异,对春季、夏季、冬季降水有反向影响;两类 ENSO 次年各季降水异常年份占比与气候态均有不同程度差异;春季在东部型 El Niño 次年、中部型 La Niña 次年出现偏多(正异常)的概率较大,而在东部型 La Niña 次年出现偏少(负异常)的概率较大;冬季在中部型 La Niña 次年出现偏多(正异常)的概率较大,而在东部型 La Niña 次年出现偏少(负异常)的概率较大。

（3）道真自治县

表 5.35 道真自治县两类 ENSO 次年春、夏、秋、冬各季平均的降水异常，主要有以下特点。

①春季在东部型 El Niño 次年、东部型 La Niña 次年、中部型 La Niña 次年正异常，说明东部型 El Niño 次年、东部型 La Niña 次年、中部型 La Niña 次年春季往往降水偏多；在中部型 El Niño 次年负异常，说明中部型 El Niño 次年春季往往降水偏少。

②夏季在东部型 El Niño 次年、中部型 El Niño 次年正异常，说明东部型 El Niño 次年、中部型 El Niño 次年夏季往往降水偏多；在东部型 La Niña 次年、中部型 La Niña 次年负异常，说明东部型 La Niña 次年、中部型 La Niña 次年夏季往往降水偏少。

③秋季在东部型 El Niño 次年、中部型 El Niño 次年、中部型 La Niña 次年正异常，说明东部型 El Niño 次年、中部型 El Niño 次年、中部型 La Niña 次年秋季往往降水偏多；在东部型 La Niña 次年负异常，说明东部型 La Niña 次年秋季往往降水偏少。

④冬季在东部型 El Niño 次年、东部型 La Niña 次年、中部型 La Niña 次年负异常，说明东部型 El Niño 次年、东部型 La Niña 次年、中部型 La Niña 次年冬季往往降水偏少；在中部型 El Niño 次年正异常，说明中部型 El Niño 次年冬季往往降水偏多。

表 5.35　道真自治县两类 ENSO 次年各季平均的降水异常（单位：mm）

	春季	夏季	秋季	冬季
东部型 El Niño 次年/中部型 El Niño 次年	21.3/−43.6	7.8/1.7	22.9/40.8	−14.5/2.8
东部型 La Niña 次年/中部型 La Niña 次年	14.7/104.9	−78.2/−9.0	−4.8/39.2	−14.0/−8.9

表 5.36 道真自治县两类 ENSO 次年各季降水异常年份占比（%）及其气候态，不难看出以下特点。

①两类 ENSO 次年各季降水异常年份占比与气候态均有不同程度差异。

②春季在中部型 El Niño 次年偏少（负异常）年份占比比气候态多 20 个百分点以上，而在中部型 La Niña 次年偏多（正异常）年份占比比气候态多 20 个百分点以上。

③夏季在东部型 La Niña 次年偏少（负异常）年份占比比气候态多 20 个百分点以上。

④秋季在中部型 El Niño 次年偏多（正异常）年份占比比气候态多 20 个百分点以上，而在东部型 La Niña 次年偏少（负异常）年份占比比气候态多 20 个百分点以上。

⑤冬季在中部型 El Niño 次年偏多（正异常）年份占比比气候态多 20 个百分点以上，而在东部型 El Niño 次年偏少（负异常）年份占比比气候态多 20 个百分点

以上。

表 5.36　道真自治县两类 ENSO 次年各季降水异常(＞0,＜0)年份占比(％)及其气候态

	春季			夏季			秋季			冬季		
	＞0	＜0	＝0	＞0	＜0	＝0	＞0	＜0	＝0	＞0	＜0	＝0
东部型 El Niño 次年	55	45	0	36	64	0	55	45	0	9	91	0
中部型 El Niño 次年	33	67	0	50	50	0	83	17	0	67	33	0
东部型 La Niña 次年	75	25	0	13	87	0	38	62	0	13	87	0
中部型 La Niña 次年	100	0	0	50	50	0	75	25	0	25	75	0
气候态	59	41	0	38	62	0	62	38	0	31	69	0

总而言之,道真自治县在两类 ENSO 次年各季降水均有不同程度异常,其绝对值大小在 104.9 mm 以内;春季、冬季在两类 El Niño 次年异常明显相反,表明赤道中、东太平洋海面温度异常(SSTA)暖中心东、中部位置差异,对春季、冬季降水有反向影响;秋季在两类 La Niña 次年异常明显相反,表明赤道中、东太平洋海面温度异常(SSTA)冷中心东、中部位置差异,对秋季降水有反向影响;两类 ENSO 次年各季降水异常年份占比与气候态均有不同程度差异;春季在中部型 El Niño 次年出现偏少(负异常)的概率较大,而在中部型 La Niña 次年出现偏多(正异常)的概率较大;夏季在东部型 La Niña 次年出现偏少(负异常)的概率较大;秋季在中部型 El Niño 次年出现偏多(正异常)的概率较大,而在东部型 La Niña 次年出现偏少(负异常)的概率较大;冬季在东部型 El Niño 次年出现偏少(负异常)的概率较大,而在中部型 El Niño 次年出现偏多(正异常)的概率较大。

(4)凤冈县

表 5.37 是凤冈县两类 ENSO 次年春、夏、秋、冬各季平均的降水异常,主要有以下特点。

①春季在东部型 El Niño 次年、东部型 La Niña 次年、中部型 La Niña 次年正异常,说明东部型 El Niño 次年、东部型 La Niña 次年、中部型 La Niña 次年春往往降水偏多;而在中部型 El Niño 次年负异常,说明中部型 El Niño 次年春季往往降水偏少。

②夏季在两类 ENSO 次年负异常,说明两类 ENSO 次年夏季往往降水偏少。

③秋季在东部型 El Niño 次年、东部型 La Niña 次年、中部型 La Niña 次年负异常,说明东部型 El Niño 次年、东部型 La Niña 次年、中部型 La Niña 次年秋季往往降水偏少;在中部型 El Niño 次年正异常,说明中部型 El Niño 次年秋季往往降水偏多。

④冬季在东部型 El Niño 次年、东部型 La Niña 次年、中部型 La Niña 次年负异常,说明东部型 El Niño 次年、东部型 La Niña 次年、中部型 La Niña 次年冬季往往降水偏少;在中部型 El Niño 次年正异常,说明中部型 El Niño 次年冬季往往降水偏多。

表 5.37　凤冈县两类 ENSO 次年各季平均的降水异常(单位:mm)

	春季	夏季	秋季	冬季
东部型 El Niño 次年/中部型 El Niño 次年	1.8/−23.8	−3.0/−27.1	−7.4/48.1	−9.8/9.1
东部型 La Niña 次年/中部型 La Niña 次年	7.5/42.5	−73.2/−48.0	−17.5/−13.3	−14.8/−13.5

表 5.38 是凤冈县两类 ENSO 次年各季降水异常年份占比(%)及其气候态,不难看出以下特点。

①两类 ENSO 次年各季降水异常年份占比与气候态均有不同程度差异。

②冬季在东部型 La Niña 次年偏少(负异常)年份占比比气候态多 20 个百分点以上。

表 5.38　凤冈县两类 ENSO 次年各季降水异常(>0,<0)年份占比(%)及其气候态

	春季			夏季			秋季			冬季		
	>0	<0	=0	>0	<0	=0	>0	<0	=0	>0	<0	=0
东部型 El Niño 次年	64	36	0	55	45	0	55	45	0	18	82	0
中部型 El Niño 次年	50	50	0	33	67	0	50	50	0	50	50	0
东部型 La Niña 次年	75	25	0	38	62	0	38	62	0	13	87	0
中部型 La Niña 次年	75	25	0	50	50	0	50	50	0	25	75	0
气候态	62	38	0	43	57	0	55	45	0	36	64	0

总而言之,凤冈县在两类 ENSO 次年各季降水均有不同程度异常,其绝对值大小在 73.2 mm 以内;春季、秋季、冬季在两类 El Niño 次年异常明显相反,表明赤道中、东太平洋海面温度异常(SSTA)暖中心东、中部位置差异,对春季、秋季、冬季降水有反向影响;两类 ENSO 次年各季降水异常年份占比与气候态均有不同程度差异;冬季在东部型 La Niña 次年出现偏少(负异常)的概率较大。

(5)湄潭县

表 5.39 是湄潭县两类 ENSO 次年春、夏、秋、冬各季平均的降水异常,主要有以下特点。

①春季在东部型 El Niño 次年、东部型 La Niña 次年、中部型 La Niña 次年正异常,说明东部型 El Niño 次年、东部型 La Niña 次年、中部型 La Niña 次年春季往往降水偏多;在中部型 El Niño 次年负异常,说明中部型 El Niño 次年春季往往降水偏少。

②夏季在两类 ENSO 次年负异常,说明两类 ENSO 次年夏季往往降水偏少。

③秋季在东部型 El Niño 次年、中部型 El Niño 次年正异常,说明东部型 El Niño 次年、中部型 El Niño 次年秋季往往降水偏多;而在东部型 La Niña 次年、中部型 La Niña 次年负异常,说明东部型 La Niña 次年、中部型 La Niña 次年秋季往往降水偏少。

④冬季在东部型 El Niño 次年、东部型 La Niña 次年、中部型 La Niña 次年负异常,说明东部型 El Niño 次年、东部型 La Niña 次年、中部型 La Niña 次年冬季往往降水偏少。

表 5.39　湄潭县两类 ENSO 次年各季平均的降水异常(单位:mm)

	春季	夏季	秋季	冬季
东部型 El Niño 次年/中部型 El Niño 次年	15.3/−32.0	−39.9/−10.0	6.6/3.9	−6.4/6.9
东部型 La Niña 次年/中部型 La Niña 次年	13.2/100.6	−20.9/−62.1	−32.0/−31.7	−13.9/−14.5

表 5.40 是湄潭县两类 ENSO 次年各季降水异常年份占比(%)及其气候态,不难看出以下特点。

①两类 ENSO 次年各季降水异常年份占比与气候态均有不同程度差异。

②春季在中部型 El Niño 次年偏少(负异常)年份占比比气候态多 20 个百分点以上。

③夏季在中部型 La Niña 次年偏少(负异常)年份占比比气候态多 20 个百分点以上。

④秋季在中部型 El Niño 次年偏多(正异常)年份占比比气候态多 20 个百分点以上,而在东部型 La Niña 次年、中部型 La Niña 次年偏少(负异常)年份占比比气候态多 20 个百分点以上。

⑤冬季在中部型 El Niño 次年偏多(正异常)年份占比比气候态多 20 个百分点以上,而在东部型 La Niña 次年、中部型 La Niña 次年偏少(负异常)年份占比比气候态多 20 个百分点以上。

表 5.40　湄潭县两类 ENSO 次年各季降水异常(>0,<0)年份占比(%)及其气候态

	春季			夏季			秋季			冬季		
	>0	<0	=0	>0	<0	=0	>0	<0	=0	>0	<0	=0
东部型 El Niño 次年	64	36	0	36	64	0	55	45	0	45	55	0
中部型 El Niño 次年	33	67	0	33	67	0	83	17	0	67	33	0
东部型 La Niña 次年	75	25	0	63	37	0	25	75	0	13	87	0
中部型 La Niña 次年	75	25	0	25	75	0	25	75	0	0	100	0
气候态	59	41	0	50	50	0	50	50	0	40	60	0

总而言之,湄潭县在两类 ENSO 次年各季降水均有不同程度异常,其绝对值大小在 100.6 mm 以内;春季、冬季在两类 El Niño 次年异常明显相反,表明赤道中、东太平洋海面温度异常(SSTA)暖中心东、中部位置差异,对春季、冬季降水有反向影响;两类 ENSO 次年各季降水异常年份占比与气候态均有不同程度差异;春季在中部型 El Niño 次年出现偏少(负异常)的概率较大;夏季在中部型 La Niña 次年出现

偏少(负异常)的概率较大;秋季在中部型 El Niño 次年出现偏多(正异常)的概率较大,而在东部型 La Niña 次年、中部型 La Niña 次年出现偏少(负异常)的概率较大;冬季在中部型 El Niño 次年出现偏多(正异常)的概率较大,而在东部型 La Niña 次年、中部型 La Niña 次年出现偏少(负异常)的概率较大。

(6)仁怀市

表 5.41 是仁怀市两类 ENSO 次年春、夏、秋、冬各季平均的降水异常,主要有以下特点。

①春季在东部型 El Niño 次年、中部型 El Niño 次年、东部型 La Niña 次年负异常,说明东部型 El Niño 次年、中部型 El Niño 次年、东部型 La Niña 次年春季往往降水偏少;在中部型 La Niña 次年正异常,说明中部型 La Niña 次年春季往往降水偏多。

②夏季在东部型 El Niño 次年正异常,说明东部型 El Niño 次年夏季往往降水偏多;在中部型 El Niño 次年、东部型 La Niña 次年、中部型 La Niña 次年负异常,说明中部型 El Niño 次年、东部型 La Niña 次年、中部型 La Niña 次年夏季往往降水偏少。

③秋季在东部型 El Niño 次年、中部型 El Niño 次年正异常,说明东部型 El Niño 次年、中部型 El Niño 次年秋季往往降水偏多;在东部型 La Niña 次年、中部型 La Niña 次年负异常,说明东部型 La Niña 次年、中部型 La Niña 次年秋季往往降水偏少。

④冬季在两类 ENSO 次年负异常,说明两类 ENSO 次年冬季往往降水偏少。

表 5.41　仁怀市两类 ENSO 次年各季平均的降水异常(单位:mm)

	春季	夏季	秋季	冬季
东部型 El Niño 次年/中部型 El Niño 次年	−1.9/−56.5	37.4/−65.8	14.9/12.9	−8.4/−4.1
东部型 La Niña 次年/中部型 La Niña 次年	−17.3/53.9	−13.9/−43.9	−15.0/−6.9	−14.6/−6.5

表 5.42 是仁怀市两类 ENSO 次年各季降水异常年份占比(%)及其气候态,不难看出以下特点。

①两类 ENSO 次年各季降水异常年份占比与气候态均有不同程度差异。

②春季在中部型 El Niño 次年偏少(负异常)年份占比比气候态多 20 个百分点以上,而在中部型 La Niña 次年偏多(正异常)年份占比比气候态多 20 个百分点以上。

③夏季在东部型 El Niño 次年偏多(正异常)年份占比比气候态多 20 个百分点以上,而在中部型 El Niño 次年偏少(负异常)年份占比比气候态多 20 个百分点以上。

④冬季在东部型 La Niña 次年偏少(负异常)年份占比比气候态多 20 个百分点以上。

表 5.42 仁怀市两类 ENSO 次年各季降水异常(>0,<0)年份占比(%)及其气候态

	春季			夏季			秋季			冬季		
	>0	<0	=0	>0	<0	=0	>0	<0	=0	>0	<0	=0
东部型 El Niño 次年	55	45	0	64	36	0	55	45	0	27	73	0
中部型 El Niño 次年	0	100	0	17	83	0	50	50	0	33	67	0
东部型 La Niña 次年	38	62	0	50	50	0	38	62	0	13	87	0
中部型 La Niña 次年	75	25	0	25	75	0	50	50	0	50	50	0
气候态	48	52	0	43	57	0	52	48	0	41	57	2

总而言之,仁怀市在两类 ENSO 次年各季降水均有不同程度异常,其绝对值大小在 65.8 mm 以内;夏季在两类 El Niño 次年异常明显相反,表明赤道中、东太平洋海面温度异常(SSTA)暖中心东、中部位置差异,对夏季降水有反向影响;两类ENSO次年各季降水异常年份占比与气候态均有不同程度差异;春季在中部型 El Niño 次年出现偏少(负异常)的概率较大,而在中部型 La Niña 次年出现偏多(正异常)的概率较大;夏季在东部型 El Niño 次年出现偏多(正异常)的概率较大,而在中部型 El Niño 次年出现偏少(负异常)的概率较大;冬季在东部型 La Niña 次年出现偏少(负异常)的概率较大。

(7)绥阳县

表 5.43 是绥阳县两类 ENSO 次年春、夏、秋、冬各季平均的降水异常,主要有以下特点。

①春季在东部型 El Niño 次年、中部型 El Niño 次年负异常,说明东部型 El Niño 次年、中部型 El Niño 次年春季往往降水偏少;在东部型 La Niña 次年、中部型 La Niña 次年正异常,说明东部型 La Niña 次年、中部型 La Niña 次年春季往往降水偏多。

②夏季在东部型 El Niño 次年、中部型 El Niño 次年、东部型 La Niña 次年负异常,说明东部型 El Niño 次年、中部型 El Niño 次年、东部型 La Niña 次年夏季往往降水偏少;在中部型 La Niña 次年正异常,说明中部型 La Niña 次年夏季往往降水偏多。

③秋季在东部型 El Niño 次年、中部型 El Niño 次年、中部型 La Niña 次年正异常,说明东部型 El Niño 次年、中部型 El Niño 次年、中部型 La Niña 次年秋季往往降水偏多;在东部型 La Niña 次年负异常,说明东部型 La Niña 次年秋季往往降水偏少。

④冬季在两类 ENSO 次年负异常,说明两类 ENSO 次年冬季往往降水偏少。

表 5.43　绥阳县两类 ENSO 次年各季平均的降水异常(单位:mm)

	春季	夏季	秋季	冬季
东部型 El Niño 次年/中部型 El Niño 次年	−22.1/−42.3	−0.2/−64.7	2.3/20.5	−8.4/−0.9
东部型 La Niña 次年/中部型 La Niña 次年	6.2/62.5	−49.7/52.6	−38.0/0.5	−12.9/−17.8

表 5.44 是绥阳县两类 ENSO 次年各季降水异常年份占比(%)及其气候态,不难看出以下特点。

①两类 ENSO 次年各季降水异常年份占比与气候态均有不同程度差异。

②春季在东部型 El Niño 次年偏少(负异常)年份占比比气候态多 20 个百分点以上。

③夏季在中部型 La Niña 次年偏多(正异常)年份占比比气候态多 20 个百分点以上;而在中部型 El Niño 次年偏少(负异常)年份占比比气候态多 20 个百分点以上。

④秋季在东部型 La Niña 次年偏少(负异常)年份占比比气候态多 20 个百分点以上。

⑤冬季在中部型 La Niña 次年偏少(负异常)年份占比比气候态多 20 个百分点以上。

表 5.44　绥阳县两类 ENSO 次年各季降水异常(>0,<0)年份占比(%)及其气候态

	春季			夏季			秋季			冬季		
	>0	<0	=0	>0	<0	=0	>0	<0	=0	>0	<0	=0
东部型 El Niño 次年	36	64	0	45	55	0	45	55	0	36	64	0
中部型 El Niño 次年	50	50	0	17	83	0	67	33	0	33	67	0
东部型 La Niña 次年	63	37	0	50	50	0	25	75	0	25	75	0
中部型 La Niña 次年	75	25	0	75	25	0	50	50	0	0	100	0
气候态	57	43	0	47	53	0	52	48	0	36	64	0

总而言之,绥阳县在两类 ENSO 次年各季降水均有不同程度异常,其绝对值大小在 64.7 mm 以内;夏季、秋季在两类 La Niña 次年异常明显相反,表明赤道中、东太平洋海面温度异常(SSTA)冷中心东、中部位置差异,对夏季、秋季降水有反向影响;两类 ENSO 次年各季降水异常年份占比与气候态均有不同程度差异;春季在东部型 El Niño 次年出现偏少(负异常)的概率较大;夏季在中部型 La Niña 次年出现偏多(正异常)的概率较大,而在中部型 El Niño 次年出现偏少(负异常)的概率较大;秋季在东部型 La Niña 次年出现偏少(负异常)的概率较大;冬季在中部型 La Niña 次年出现偏少(负异常)的概率较大。

(8)桐梓县

表 5.45 是桐梓县两类 ENSO 次年春、夏、秋、冬各季平均的降水异常,主要有以下特点。

①春季在东部型 El Niño 次年、东部型 La Niña 次年、中部型 La Niña 次年正异常,说明东部型 El Niño 次年、东部型 La Niña 次年、中部型 La Niña 次年春季往往降水偏多;在中部型 El Niño 次年负异常,说明中部型 El Niño 次年春季往往降水偏少。

②夏季在东部型 El Niño 次年正异常,说明东部型 El Niño 次年夏季往往降水偏多;在中部型 El Niño 次年、东部型 La Niña 次年、中部型 La Niña 次年负异常,说明中部型 El Niño 次年、东部型 La Niña 次年、中部型 La Niña 次年夏季往往降水偏少。

③秋季在东部型 El Niño 次年、中部型 El Niño 次年正异常,说明东部型 El Niño 次年、中部型 El Niño 次年秋季往往降水偏多;在东部型 La Niña 次年、中部型 La Niña 次年负异常,说明东部型 La Niña 次年、中部型 La Niña 次年秋季往往降水偏少。

④冬季在两类 ENSO 次年负异常,说明两类 ENSO 次年冬季往往降水偏少。

表 5.45　桐梓县两类 ENSO 次年各季平均的降水异常(单位:mm)

	春季	夏季	秋季	冬季
东部型 El Niño 次年/中部型 El Niño 次年	2.8/−42.2	1.9/−56.1	10.3/47.5	−5.8/−4.2
东部型 La Niña 次年/中部型 La Niña 次年	8.5/61.3	−76.3/−3.4	−23.1/−7.5	−9.2/−5.7

表 5.46 是桐梓县两类 ENSO 次年各季降水异常年份占比(%)及其气候态,不难看出以下特点。

①两类 ENSO 次年各季降水异常年份占比与气候态均有不同程度差异。

②春季在中部型 El Niño 次年偏少(负异常)年份占比比气候态多 20 个百分点以上,而在中部型 La Niña 次年偏多(正异常)年份占比比气候态多 20 个百分点以上。

③夏季在东部型 La Niña 次年偏少(负异常)年份占比比气候态多 20 个百分点以上。

表 5.46　桐梓县两类 ENSO 次年各季降水异常(>0,<0)年份占比(%)及其气候态

	春季			夏季			秋季			冬季		
	>0	<0	=0	>0	<0	=0	>0	<0	=0	>0	<0	=0
东部型 El Niño 次年	55	45	0	64	36	0	45	55	0	27	73	0
中部型 El Niño 次年	33	67	0	50	50	0	100	0	0	33	67	0
东部型 La Niña 次年	50	50	0	25	75	0	38	62	0	25	75	0
中部型 La Niña 次年	100	0	0	50	50	0	50	50	0	25	75	0
气候态	57	43	0	47	53	0	55	45	0	38	62	0

④秋季在中部型 El Niño 次年偏多(正异常)年份占比比气候态多 20 个百分点以上。

总而言之,桐梓县在两类 ENSO 次年各季降水均有不同程度异常,其绝对值大小在 76.3 mm 以内;春季、夏季在两类 El Niño 次年异常明显相反,表明赤道中、东太平洋海面温度异常(SSTA)暖中心东、中部位置差异,对春季、夏季降水有反向影响;两类 ENSO 次年各季降水异常年份占比与气候态均有不同程度差异;春季在中部型 El Niño 次年出现偏少(负异常)的概率较大,而在中部型 La Niña 次年出现偏多(正异常)的概率较大;夏季在东部型 La Niña 次年出现偏少(负异常)的概率较大;秋季在中部型 El Niño 次年出现偏多(正异常)的概率较大。

(9)务川自治县

表 5.47 是务川自治县两类 ENSO 次年春、夏、秋、冬各季平均的降水异常,主要有以下特点。

①春季在东部型 El Niño 次年、东部型 La Niña 次年、中部型 La Niña 次年正异常,说明东部型 El Niño 次年、东部型 La Niña 次年、中部型 La Niña 次年春季往往降水偏多;在中部型 El Niño 次年负异常,说明中部型 El Niño 次年春季往往降水偏少。

②夏季在东部型 El Niño 次年正异常,说明东部型 El Niño 次年夏季往往降水偏多;在中部型 El Niño 次年、东部型 La Niña 次年、中部型 La Niña 次年负异常,说明中部型 El Niño 次年、东部型 La Niña 次年、中部型 La Niña 次年夏季往往降水偏少。

③秋季在东部型 El Niño 次年、中部型 El Niño 次年、中部型 La Niña 次年正异常,说明东部型 El Niño 次年、中部型 El Niño 次年、中部型 La Niña 次年秋季往往降水偏多;在东部型 La Niña 次年正异常,说明东部型 La Niña 次年秋季往往降水偏多。

④冬季在东部型 El Niño 次年、东部型 La Niña 次年、中部型 La Niña 次年负异常,说明东部型 El Niño 次年、东部型 La Niña 次年、中部型 La Niña 次年冬季往往降水偏少;在中部型 El Niño 次年正异常,说明冬季往往降水偏多。

表 5.47　务川自治县两类 ENSO 次年各季平均的降水异常(单位:mm)

	春季	夏季	秋季	冬季
东部型 El Niño 次年/中部型 El Niño 次年	25.5/−36.1	22.7/−12.3	48.5/76.8	−7.3/3.2
东部型 La Niña 次年/中部型 La Niña 次年	20.6/102.3	−91.7/−74.2	−16.8/42.6	−16.1/−13.1

表 5.48 是务川自治县两类 ENSO 次年各季降水异常年份占比(%)及其气候态,不难看出以下特点。

①两类 ENSO 次年各季降水异常年份占比与气候态均有不同程度差异。

②春季在中部型 La Niña 次年偏多(正异常)年份占比比气候态多 20 个百分点以上,而在中部型 El Niño 次年偏少(负异常)年份占比比气候态多 20 个百分点

以上。

③秋季在中部型 El Niño 次年偏多（正异常）年份占比比气候态多 20 个百分点以上。

表 5.48　务川自治县两类 ENSO 次年各季降水异常（＞0，＜0）年份占比（％）及其气候态

	春季			夏季			秋季			冬季		
	＞0	＜0	＝0	＞0	＜0	＝0	＞0	＜0	＝0	＞0	＜0	＝0
东部型 El Niño 次年	55	45	0	45	55	0	73	27	0	27	73	0
中部型 El Niño 次年	17	83	0	33	67	0	100	0	0	50	50	0
东部型 La Niña 次年	63	37	0	38	62	0	63	37	0	25	75	0
中部型 La Niña 次年	100	0	0	50	50	0	50	50	0	25	75	0
气候态	59	41	0	45	55	0	67	33	0	43	57	0

总而言之，务川自治县在两类 ENSO 次年各季降水均有不同程度异常，其绝对值大小在 102.3 mm 以内；春季、夏季、冬季在两类 El Niño 次年异常明显相反，表明赤道中、东太平洋海面温度异常（SSTA）暖中心东、中部位置差异，对春季、夏季、冬季降水有反向影响；秋季在两类 La Niña 次年异常明显相反，表明中、东太平洋海面温度异常（SSTA）冷中心东、中部位置差异，对秋季降水有反向影响；两类 ENSO 次年各季降水异常年份占比与气候态均有不同程度差异；春季在中部型 La Niña 次年出现偏多（正异常）的概率较大，而在中部型 El Niño 次年出现偏少（负异常）的概率较大；秋季在中部型 El Niño 次年出现偏多（正异常）的概率较大。

（10）习水县

表 5.49 是习水县两类 ENSO 次年春、夏、秋、冬各季平均的降水异常，主要有以下特点。

①春季在东部型 El Niño 次年正异常，说明东部型 El Niño 次年春季往往降水偏多；在中部型 El Niño 次年、东部型 La Niña 次年、中部型 La Niña 次年负异常，说明中部型 El Niño 次年、东部型 La Niña 次年、中部型 La Niña 次年春季往往降水偏少。

②夏季在东部型 El Niño 次年、中部型 La Niña 次年正异常，说明东部型 El Niño 次年、中部型 La Niña 次年夏季往往降水偏多；在中部型 El Niño 次年、东部型 La Niña 次年负异常，说明中部型 El Niño 次年、东部型 La Niña 次年夏季往往降水偏少。

③秋季在东部型 El Niño 次年、中部型 El Niño 次年、中部型 La Niña 次年正异常，说明东部型 El Niño 次年、中部型 El Niño 次年、中部型 La Niña 次年秋季往往降水偏多，在东部型 La Niña 次年负异常，说明东部型 La Niña 次年秋季往往降水偏少。

④冬季在东部型 El Niño 次年、东部型 La Niña 次年、中部型 La Niña 次年负异

常,说明东部型 El Niño 次年、东部型 La Niña 次年、中部型 La Niña 次年冬季往往降水偏少;在中部型 El Niño 次年正异常,说明中部型 El Niño 次年冬季往往降水偏多。

表 5.49　习水县两类 ENSO 次年各季平均的降水异常(单位:mm)

	春季	夏季	秋季	冬季
东部型 El Niño 次年/中部型 El Niño 次年	13.3/−4.1	15.6/−112.0	39.0/22.2	−2.0/6.3
东部型 La Niña 次年/中部型 La Niña 次年	−16.2/−14.6	−21.0/24.3	−0.8/52.8	−7.5/−10.4

表 5.50 是习水县两类 ENSO 次年各季降水异常年份占比(%)及其气候态,不难看出以下特点。

①两类 ENSO 次年各季降水异常年份占比与气候态均有不同程度差异。

②春季在中部型 El Niño 次年、中部型 La Niña 次年偏少(负异常)年份占比比气候态多 20 个百分点以上。

③夏季在东部型 La Niña 次年偏少(负异常)年份占比比气候态多 20 个百分点以上。

④冬季在中部型 El Niño 次年偏多(正异常)年份占比比气候态多 20 个百分点以上,而在东部型 La Niña 次年、中部型 La Niña 次年偏少(负异常)年份占比比气候态多 20 个百分点以上。

表 5.50　习水县两类 ENSO 次年各季降水异常(>0,<0)年份占比(%)及其气候态

	春季			夏季			秋季			冬季		
	>0	<0	=0	>0	<0	=0	>0	<0	=0	>0	<0	=0
东部型 El Niño 次年	55	45	0	55	45	0	55	45	0	36	64	0
中部型 El Niño 次年	17	83	0	33	67	0	83	17	0	67	33	0
东部型 La Niña 次年	38	62	0	25	75	0	50	50	0	25	75	0
中部型 La Niña 次年	0	100	0	50	50	0	75	25	0	25	75	0
气候态	45	55	0	47	53	0	69	31	0	45	53	2

总而言之,习水县在两类 ENSO 次年各季降水均有不同程度异常,其绝对值大小在 112.0 mm 以内;春季、夏季、冬季在两类 El Niño 次年异常明显相反,表明赤道中、东太平洋海面温度异常(SSTA)暖中心东、中部位置差异,对春季、夏季、冬季降水有反向影响;夏季、秋季在两类 La Niña 次年异常明显相反,表明赤道中、东太平洋海面温度异常(SSTA)冷中心东、中部位置差异,对夏季、秋季降水有反向影响;两类 ENSO次年各季降水异常年份占比与气候态均有不同程度差异;春季在中部型 El Niño 次年、中部型 La Niña 次年出现偏少(负异常)的概率较大;夏季在东部型 La Niña 次年出现偏少(负异常)的概率较大;冬季在中部型 El Niño 次年出现偏多(正异常)的概率较大,而在东部型 La Niña 次年、中部型 La Niña 次年出现偏少(负异

常)的概率较大。

(11)余庆县

表 5.51 是余庆县两类 ENSO 次年春、夏、秋、冬各季平均的降水异常,主要有以下特点。

①春季在东部型 El Niño 次年、中部型 El Niño 次年负异常,说明东部型 El Niño 次年、中部型 El Niño 次年春季往往降水偏少;在东部型 La Niña 次年、中部型 La Niña 次年正异常,说明东部型 La Niña 次年、中部型 La Niña 次年春季往往降水偏多。

②夏季在东部型 El Niño 次年、中部型 El Niño 次年正异常,说明东部型 El Niño 次年、中部型 El Niño 次年春季往往降水偏多;在东部型 La Niña 次年、中部型 La Niña 次年负异常,说明东部型 La Niña 次年、中部型 La Niña 次年春季往往降水偏少。

③秋季在东部型 El Niño 次年、中部型 La Niña 次年正异常,说明东部型 El Niño 次年、中部型 La Niña 次年秋季往往降水偏多;在中部型 El Niño 次年、东部型 La Niña 次年负异常,说明中部型 El Niño 次年、东部型 La Niña 次年秋季往往降水偏少。

④冬季在东部型 El Niño 次年、东部型 La Niña 次年、中部型 La Niña 次年负异常,说明东部型 El Niño 次年、东部型 La Niña 次年、中部型 La Niña 次年冬季往往降水偏少;在中部型 El Niño 次年正异常,说明中部型 El Niño 次年冬季往往降水偏多。

表 5.51　余庆县两类 ENSO 次年各季平均的降水异常(单位:mm)

	春季	夏季	秋季	冬季
东部型 El Niño 次年/中部型 El Niño 次年	−4.3/−42.5	35.8/23.4	13.8/−16.9	−14.0/3.7
东部型 La Niña 次年/中部型 La Niña 次年	13.8/133.3	−69.7/−21.5	−25.6/15.5	−15.0/−18.2

表 5.52 是余庆县两类 ENSO 次年各季降水异常年份占比(%)及其气候态,不难看出以下特点。

表 5.52　余庆县两类 ENSO 次年各季降水异常(>0,<0)年份占比(%)及其气候态

	春季			夏季			秋季			冬季		
	>0	<0	=0	>0	<0	=0	>0	<0	=0	>0	<0	=0
东部型 El Niño 次年	45	55	0	45	55	0	64	36	0	36	64	0
中部型 El Niño 次年	33	67	0	50	50	0	33	67	0	50	50	0
东部型 La Niña 次年	50	50	0	38	62	0	25	75	0	13	87	0
中部型 La Niña 次年	100	0	0	50	50	0	75	25	0	25	75	0
气候态	57	43	0	52	48	0	50	50	0	31	69	0

①两类 ENSO 次年各季降水异常年份占比与气候态均有不同程度差异。

②春季在中部型 La Niña 次年偏多(正异常)年份占比比气候态多 20 个百分点以上,而在中部型 El Niño 次年偏少(负异常)年份占比比气候态多 20 个百分点以上。

③秋季在中部型 La Niña 次年偏多(正异常)年份占比比气候态多 20 个百分点以上;而在东部型 La Niña 次年偏少(负异常)年份占比比气候态多 20 个百分点以上。

总而言之,余庆县在两类 ENSO 次年各季降水均有不同程度异常,其绝对值大小在 133.3 mm 以内;秋季、冬季在两类 El Niño 次年异常明显相反,表明赤道中、东太平洋海面温度异常(SSTA)暖中心东、中部位置差异,对秋季、冬季降水有反向影响;秋季在两类 La Niña 次年异常明显相反,表明赤道中、东太平洋海面温度异常(SSTA)冷中心东、中部位置差异,对秋季降水有反向影响;两类 ENSO 次年各季降水异常年份占比与气候态均有不同程度差异;春季在中部型 La Niña 次年出现偏多(正异常)的概率较大,而在中部型 El Niño 次年出现偏少(负异常)的概率较大;秋季在中部型 La Niña 次年出现偏多(正异常)的概率较大,而在东部型 La Niña 次年出现偏少(负异常)的概率较大。

(12)正安县

表 5.53 是正安县两类 ENSO 次年春、夏、秋、冬各季平均的降水异常,主要有以下特点。

①春季在东部型 El Niño 次年、中部型 El Niño 次年负异常,说明东部型 El Niño 次年、中部型 El Niño 次年春季往往降水偏少;在东部型 La Niña 次年、中部型 La Niña 次年正异常,说明东部型 La Niña 次年、中部型 La Niña 次年春季往往降水偏多。

②夏季在东部型 El Niño 次年正异常,说明东部型 El Niño 次年夏季往往降水偏多;在中部型 El Niño 次年、东部型 La Niña 次年、中部型 La Niña 次年负异常,说明中部型 El Niño 次年、东部型 La Niña 次年、中部型 La Niña 次年夏季往往降水偏少。

③秋季在东部型 El Niño 次年、中部型 El Niño 次年、中部型 La Niña 次年正异常,说明东部型 El Niño 次年、中部型 El Niño 次年、中部型 La Niña 次年秋季往往降水偏多;在东部型 La Niña 次年负异常,说明东部型 La Niña 次年秋季往往降水偏少。

④冬季在两类 ENSO 次年负异常,说明两类 ENSO 次年冬季往往降水偏少。

表 5.53　正安县两类 ENSO 次年各季平均的降水异常(单位:mm)

	春季	夏季	秋季	冬季
东部型 El Niño 次年/中部型 El Niño 次年	−6.0/−29.4	13.4/−91.6	41.2/82.0	−8.3/−3.5
东部型 La Niña 次年/中部型 La Niña 次年	17.2/86.3	−91.1/−41.7	−19.8/11.6	−13.1/−9.5

表 5.54 是正安县两类 ENSO 次年各季降水异常年份占比(%)及其气候态,不难看出以下特点。

①两类 ENSO 次年各季降水异常年份占比与气候态均有不同程度差异。

②春季在中部型 La Niña 次年偏多(正异常)年份占比比气候态多 20 个百分点以上;而在中部型 El Niño 次年偏少(负异常)年份占比比气候态多 20 个百分点以上。

③夏季在中部型 El Niño 次年、东部型 La Niña 次年偏少(负异常)年份占比比气候态多 20 个百分点以上。

④秋季在东部型 La Niña 次年偏少(负异常)年份占比比气候态多 20 个百分点以上。

⑤冬季在东部型 La Niña 次年偏少(负异常)年份占比比气候态多 20 个百分点以上。

表 5.54　正安县两类 ENSO 次年各季降水异常(＞0,＜0)年份占比(%)及其气候态

	春季			夏季			秋季			冬季		
	＞0	＜0	=0	＞0	＜0	=0	＞0	＜0	=0	＞0	＜0	=0
东部型 El Niño 次年	36	64	0	45	55	0	73	27	0	27	73	0
中部型 El Niño 次年	33	67	0	17	83	0	100	0	0	50	50	0
东部型 La Niña 次年	63	37	0	13	87	0	25	75	0	13	87	0
中部型 La Niña 次年	100	0	0	50	50	0	50	50	0	25	75	0
气候态	55	45	0	40	60	0	57	43	0	34	66	0

总而言之,正安县在两类 ENSO 次年各季降水均有不同程度异常,其绝对值大小在 91.6 mm 以内;夏季在两类 El Niño 次年异常明显相反,表明赤道中、东太平洋海面温度异常(SSTA)暖中心东、中部位置差异,对夏季降水有反向影响;秋季在两类 La Niña 次年异常明显相反,表明赤道中、东太平洋海面温度异常(SSTA)冷中心东、中部位置差异,对秋季降水有反向影响;两类 ENSO 次年各季降水异常年份占比与气候态均有不同程度差异;春季在中部型 La Niña 次年出现偏多(正异常)的概率较大,而在中部型 El Niño 次年出现偏少(负异常)的概率较大;夏季在中部型 El Niño 次年、东部型 La Niña 次年出现偏少(负异常)的概率较大;秋季在东部型 La Niña 次年出现偏少(负异常)的概率较大;冬季在东部型 La Niña 次年出现偏少(负异常)的概率较大。

(13)汇川区

表 5.55 是汇川区两类 ENSO 次年春、夏、秋、冬各季平均的降水异常,主要有以下特点。

①春季在东部型 El Niño 次年、东部型 La Niña 次年、中部型 La Niña 次年正异

常,说明东部型 El Niño 次年、东部型 La Niña 次年、中部型 La Niña 次年春季往往降水偏多;而在中部型 El Niño 次年负异常,说明中部型 El Niño 次年春季往往降水偏少。

②夏季在东部型 El Niño 次年、中部型 La Niña 次年正异常,说明东部型 El Niño 次年、中部型 La Niña 次年夏季往往降水偏多;而在中部型 El Niño 次年、东部型 La Niña 次年负异常,说明中部型 El Niño 次年、东部型 La Niña 次年夏季往往降水偏少。

③秋季在东部型 El Niño 次年、中部型 El Niño 次年、中部型 La Niña 次年正异常,说明东部型 El Niño 次年、中部型 El Niño 次年、中部型 La Niña 次年秋季往往降水偏多;在东部型 La Niña 次年负异常,说明东部型 La Niña 次年秋季往往降水偏少。

④冬季在东部型 El Niño 次年、中部型 La Niña 次年负异常,说明东部型 El Niño 次年、中部型 La Niña 次年冬季往往降水偏少;在中部型 El Niño 次年、东部型 La Niña 次年正异常,说明中部型 El Niño 次年、东部型 La Niña 次年冬季往往降水偏多。

表 5.55　汇川区两类 ENSO 次年各季平均的降水异常(单位:mm)

	春季	夏季	秋季	冬季
东部型 El Niño 次年/中部型 El Niño 次年	10.2/−24.7	15.8/−36.6	7.7/1.8	−7.8/2.3
东部型 La Niña 次年/中部型 La Niña 次年	14.9/102.3	−106.1/11.6	−33.0/12.5	14.5/−15.2

表 5.56 是汇川区两类 ENSO 次年各季降水异常年份占比(%)及其气候态,不难看出以下特点。

①两类 ENSO 次年各季降水异常年份占比与气候态均有不同程度差异。

②春季在中部型 La Niña 次年偏多(正异常)年份占比比气候态多 20 个百分点以上,而在中部型 El Niño 次年偏少(负异常)年份占比比气候态多 20 个百分点以上。

表 5.56　汇川区两类 ENSO 次年各季降水异常(>0,<0)年份占比(%)及其气候态

	春季			夏季			秋季			冬季		
	>0	<0	=0	>0	<0	=0	>0	<0	=0	>0	<0	=0
东部型 El Niño 次年	64	36	0	55	45	0	45	55	0	27	73	0
中部型 El Niño 次年	33	67	0	33	67	0	50	50	0	83	17	0
东部型 La Niña 次年	63	37	0	13	87	0	38	62	0	0	100	0
中部型 La Niña 次年	100	0	0	50	50	0	75	25	0	25	75	0
气候态	57	43	0	41	59	0	55	45	0	41	59	0

　　③夏季在东部型 La Niña 次年偏少(负异常)年份占比比气候态多 20 个百分点以上。

　　④秋季在中部型 La Niña 次年偏多(正异常)年份占比比气候态多 20 个百分点以上。

　　⑤冬季在中部型 El Niño 次年偏多(正异常)年份占比比气候态多 20 个百分点以上,而在东部型 La Niña 次年偏少(负异常)年份占比比气候态多 20 个百分点以上。

　　总而言之,汇川区在两类 ENSO 次年各季降水均有不同程度异常,其绝对值大小在 106.1 mm 以内;春季、夏季、冬季在两类 El Niño 次年异常明显相反,表明赤道中、东太平洋海面温度异常(SSTA)暖中心东、中部位置差异,对春季、夏季、冬季降水有反向影响;夏季、秋季、冬季在两类 La Niña 次年异常明显相反,表明赤道中、东太平洋海面温度异常(SSTA)冷中心东、中部位置差异,对夏季、秋季、冬季降水有反向影响;两类 ENSO 次年各季降水异常年份占比与气候态均有不同程度差异;春季在中部型 La Niña 次年出现偏多(正异常)的概率较大,而在中部型 El Niño 次年出现偏少(负异常)的概率较大;夏季在东部型 La Niña 次年出现偏少(负异常)的概率较大;秋季在中部型 La Niña 次年出现偏多(正异常)的概率较大;冬季在中部型 El Niño 次年出现偏多(正异常)的概率较大,而在东部型 La Niña 次年出现偏少(负异常)的概率较大。

参考文献

白慧,吴战平,龙俐,等,2013.基于标准化前期指数的气象干旱指标在贵州的适用性分析[J].云南大学学报,35(5):661-668.

曹祥会,龙怀玉,张继宗,等,2015.河北省主要极端气候指数的时空变化特征[J].中国农业气象,36(3):245-253.

韩文韬,卫捷,沈新勇,2014.近50年中国冬季气温对ENSO响应的时空稳定性分析研究[J].气候与环境研究,19(1):97-106.

贾艳青,张勃,张耀宗,等,2017.长江三角洲地区极端气温事件变化特征及其与ENSO的关系[J].生态学报,37(19):6402-6414.

姜丽霞,吕佳佳,王晾晾,等,2013.黑龙江省气温日较差的变化趋势及其与作物产量的关系[J].中国农业气象,34(02):179-185.

乐红志,2019.基于偏相关分析的土体强度影响因素重要性评价[J].山西建筑,45(11):81-82.

李崇银,2018.气候动力学引论:第三版[M].北京:气象出版社:245-248.

刘琳,徐宗学,2014.西南5省市极端气候指数时空分布规律研究[J].长江流域资源与环境,23(2):294-301.

汪子琪,张文君,耿新,2017.两类ENSO对中国北方冬季平均气温和极端低温的不同影响[J].气象学报,75(4):564-580.

王昊,姜超,王鹤松,等,2019.中国西南部区域雨季极端降水指数时空变化特征[J].中国农业气象,40(1):1-14.

魏凤英,2007.现代气候统计诊断与预测技术[M].北京:气象出版社:36-40,63-66.

严丽坤,2003.相关系数与偏相关系数在相关分析中的应用[J].云南财贸学院学报,19(3):78-80.

杨维忠,张甜,刘荣,2015.统计分析与行业应用案例详解[M].北京:清华大学出版社:82-84.

张存杰,黄大鹏,刘昌义,等,2014.IPCC第五次评估报告气候变化对人类福祉影响的新认知[J].气候变化研究进展,10(4):246-250.